EINFÜHRUNG in die ELASTIZITÄTS- und FESTIGKEITSLEHRE

von

Dr.-Ing. Herbert Dietmann
Professor an der Universität Stuttgart

3. Auflage 1992

ALFRED KRÖNER VERLAG

Dietmann, Herbert
Einführung in die Elastizitäts- und
Festigkeitslehre / von Herbert Dietmann
3. Auflage
Stuttgart: Kröner 1992
ISBN 3 520 90403 9

Druck: Koch-Druck GmbH, Stuttgart

Vorwort

Über Elastizitätslehre und mehr noch über Festigkeitslehre gibt es eine ganze Reihe von Büchern. Weshalb also noch ein weiteres? Vor allem aus zwei Gründen:

Der erste ist, daß Festigkeitslehre weithin immer noch mit Elastomechanik gleichgesetzt wird. Die Verfahren der Elastomechanik ermöglichen es, die Spannungen in einem Konstruktionsteil zu errechnen. Damit ist die Festigkeitsberechnung aber erst zur Hälfte erledigt. Die zweite Hälfte besteht darin, die Reaktion des Werkstoffs auf die jeweilige Beanspruchung zu untersuchen, um so die Belastung in sicheren Grenzen halten zu können. Dies erfordert entsprechende Kenntnisse über das Werkstoffverhalten unter den verschiedenen Einsatzbedingungen. Ein wesentliches Ziel des vorliegenden Bandes war es, zu zeigen, daß erst das wechselseitige Zusammenspiel aus Beanspruchung und Werkstoff die "Festigkeit" eines Bauteils bestimmt.

Der zweite Grund: Nach meiner Kenntnis fehlt es an einer bewußt einfach geschriebenen Einführung, die den Studienanfänger auf möglichst anschauliche Art mit der oben angedeuteten Problematik vertraut macht. Am wichtigsten scheint mir bei einem solchen Einführungstext zu sein, den roten Faden des Verständnisses für die Zusammenhänge klar herauszuarbeiten, wobei im Zweifelsfall der Anschaulichkeit der Vorzug vor der wissenschaftlichen Exaktheit zu geben ist. Dementsprechend wird in dem behandelten Stoff – der im wesentlichen einer Einführungsvorlesung an der Universität Stuttgart entspricht – nicht immer gleich auf alle Einzelheiten und möglichen Ausnahmen von der Regel eingegangen. Von der Elastizitätslehre ist nur das allernötigste aufgenommen worden, das übrige bleibt der Technischen Mechanik überlassen. Etwas ausführlicher sind die werkstoffmechanischen Vorgänge beschrieben. Die regelmäßig eingestreuten Berechnungsbeispiele sollen bei der Verarbeitung des Stoffes behilflich sein.

Gegenüber der 2. Auflage wurde lediglich eine Reihe kleinerer Korrekturen vorgenommen. Danken möchte ich allen Mitarbeitern, die bei der Vorbereitung der Neuauflage mitgeholfen haben, sowie dem Kröner-Verlag für die gute Zusammenarbeit.

Stuttgart, April 1992 H. Dietmann

Inhaltsverzeichnis

1 Einleitung

1.1 Aufgaben der Festigkeitslehre

Jedes Bauteil dient der Realisierung einer bestimmten technischen Funktion. Es soll so konstruiert sein, daß diese Funktion sicher, zugleich aber in wirtschaftlicher Weise ausgeübt werden kann. Sicher heißt: Die Konstruktion muß ihren Zweck über die vorgesehene Gebrauchsdauer zuverlässig und ohne Gefahr für die Umgebung erfüllen. Wirtschaftlich heißt: Sie muß mit möglichst geringem finanziellem Aufwand hergestellt und betrieben werden können. Das sind zwei Forderungen, die einander in der Regel entgegenlaufen. Stellen wir uns dafür ein einfaches Beispiel vor, einen Druckbehälter. Je dicker man die Wand eines Druckbehälters macht, desto sicherer wird er einen bestimmten vorgegebenen Druck aushalten, desto mehr Material wird aber auch nötig sein und desto teurer wird die Herstellung, kurz, desto unwirtschaftlicher wird der Behälter. Andererseits: Je dünner man die Wand ausführt, desto geringer sind die Material- und Herstellungskosten, aber desto größer wird auch die Gefahr, daß er – etwa durch eine unbeabsichtigte kleine Überbeanspruchung – zu Bruch geht. Was wir daher wissen wollen ist, wie dick die Wand gerade sein muß, damit der Behälter den Druck unter den jeweils vorliegenden Betriebsbedingungen sicher aufnehmen kann. Dies herauszufinden ist Aufgabe der Festigkeitsberechnung. Allgemeiner gesagt: Die Festigkeitsberechnung soll es uns ermöglichen, eine Konstruktion so auszuführen, daß sie ihre Funktion sicher und wirtschaftlich erfüllen kann. Die dafür notwendigen Grundlagen liefert die Festigkeitslehre, wobei sie auf die Erkenntnisse der Elastizitätslehre zurückgreift.

1.2 Gang und Ziel einer Festigkeitsberechnung

Wie geht nun eine Festigkeitsberechnung vor sich, was muß man dabei tun, was muß man wissen? Verfolgen wir das einmal anhand des nachstehenden Ablaufschemas.

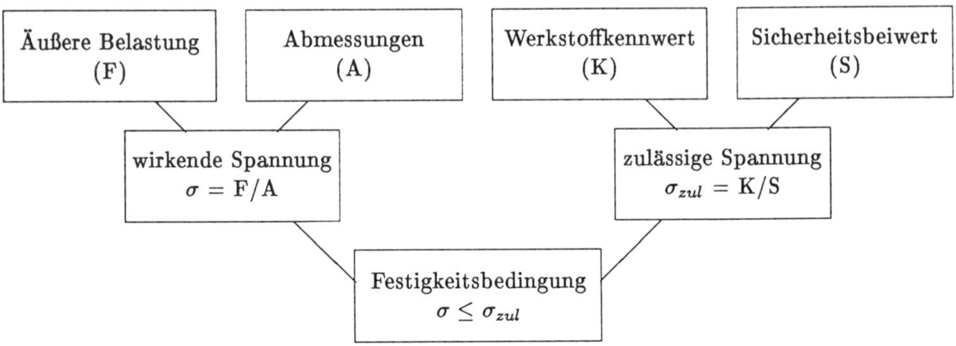

Jedes Bauteil hat normalerweise eine bestimmte Belastung zu ertragen oder zu übertragen, z.B. eine Kraft F. Durch diese äußere – weil von außen kommende – Belastung wird es beansprucht. Als Reaktion darauf entsteht in dem Bauteil – je nach Größe seiner Abmessungen A – eine mehr oder weniger hohe innere Beanspruchung. Das Maß hierfür ist die Spannung σ, die im Werkstoff herrscht. Diese Spannung ist umso größer, je höher die äußere Belastung ist und je kleiner die tragenden Abmessungen sind. Im einfachsten Fall beträgt sie $\sigma = F/A$. Die Spannung ist jedoch unabhängig davon, aus welchem Werkstoff das Bauteil ist. Letzteres wird sofort klar, wenn man sich z.B. vorstellt, daß eine bestimmte Masse einmal an einem Stahlseil, zum anderen an einem Kunststoffseil hängt. Wenn deren Querschnitte gleich sind, muß auch die wirkende Spannung gleich sein. Der Werkstoff kommt erst dann ins Spiel, wenn man fragt: Bei welcher Last bzw. bei welcher Spannung reißen die Seile? Vermutlich wird das Stahlseil erst bei einer höheren Spannung reißen als das Kunststoffseil. Die ertragbare Spannung ist also materialabhängig. Wie hoch die jeweils ertragbare Spannung ist, gibt ein entsprechender Werkstoffkennwert K an. In der Regel wird man natürlich nicht bis an die Grenze der Belastbarkeit gehen, sondern über einen selbstgewählten Sicherheitsbeiwert S ($\geq$1) eine zulässige Spannung festlegen: $\sigma_{zul} = K/S$. Wenn man also sicher gehen will, daß ein solches Seil nicht reißt, so muß man dafür sorgen, daß die aus der Belastung wirkende Spannung die zulässige Spannung nicht übersteigt. Dies drückt man aus in der sogenannten Festigkeitsbedingung $\sigma \leq \sigma_{zul}$. Sie gewährleistet, daß die innere Beanspruchung immer mit einem bestimmten Sicherheitsabstand unter der Versagensgrenze des jeweiligen Bauteils bleibt. Explizit angeschrieben lautet die Festigkeitsbedingung

$$\mathrm{F/A} \leq \mathrm{K/S}$$

Sie verknüpft die vier Ausgangsgrößen F, A, K und S miteinander. Je nach Fragestellung im Einzelfall benutzt man die Festigkeitsbedingung dazu, aus drei gegebenen die unbekannte vierte Größe zu bestimmen. Man kann also folgende vier Grundaufgaben lösen:

1)	Gegeben:	A, K, S	Gesucht:	Zulässige äußere Belastung F („Lastbegrenzung“)
2)		F, K ,S		Erforderliche Abmessungen A („Dimensionierung“)
3)		F, A, S		Erforderlicher Werkstoffkennwert K („Werkstoffauswahl“)
4)		F, A, K		Vorhandene Sicherheit S („Sicherheitsanalyse“)

Bei der Festigkeitsberechnung hat man zwei i.allg. voneinander unabhängige Teilaufgaben zu lösen: Man muß a) die wirkende Spannung und b) die zulässige Spannung bestimmen. Man hat also eine Spannungsberechnung durchzuführen – unabhängig vom Werkstoff –, die Kenntnisse aus dem Gebiet der Technischen Mechanik, insbesondere der Elastomechamik, erfordert, und man muß das Werkstoffverhalten untersuchen – das wiederum unabhängig von bauteilspezifischen Belastungen und Abmessungen ist –, wobei die Werkstoffkunde und die Materialprüfung die notwendigen Hilfsmittel liefern. Das Zusammenspiel dieser beiden technischen Disziplinen ist dann Gegenstand der Festigkeitslehre.

1.3 Grundformen und Grundbelastungsfälle

Für die Festigkeitsberechnung sucht man die vielfältigen Bauteilformen der Technik zurückzuführen auf geometrisch einfache Grundformen, wie Stab, Rohr, Scheibe, Platte, Schale. Die verschiedenen Belastungen, denen ein solches Bauelement ausgesetzt sein kann, unterteilt man in die Grundfälle Zug, Druck, Biegung, Schub und Torsion. Abb. 1.1 zeigt einen geraden prismatischen Stab unter diesen Grundbelastungsfällen. Unter einem Stab versteht man einen Körper, dessen Länge groß ist gegenüber seinen Querschnittsabmessungen, also ein quasi-eindimensionales Gebilde. Gerade bedeutet, daß die Stabachse nicht gekrümmt sein darf; prismatisch heißt, daß sich der Querschnitt nicht ändert. Dieses abstrakt-theoretische Gebilde „Stab“ kann in der technischen Praxis ganz unterschiedliche konstruktive Formen annehmen. Als Beispiel hierfür ist in Abb. 1.1 für jede Belastungsart ein bekanntes Bauelement aufgeführt.

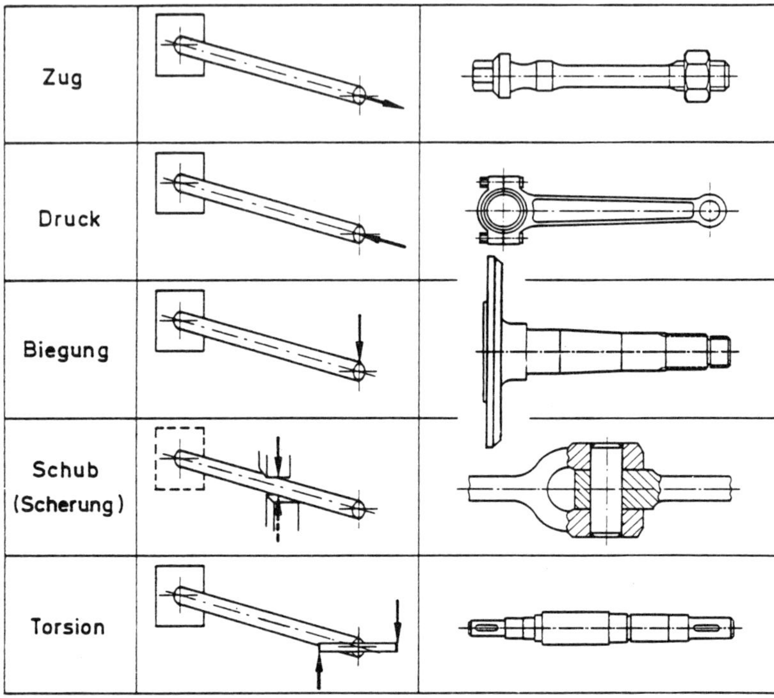

Abb. 1.1: Grundbelastungsfälle

2 Zug und Druck

2.1 Gerader prismatischer Stab unter Zugbeanspruchung

Wir betrachten den in Abb. 2.1 dargestellten Stab mit dem Querschnitt A, der an seinem oberen Ende fest eingespannt sei (symbolische Darstellung: Stabende in schraffiertem Feld) und an seinem unteren die Masse m trage.

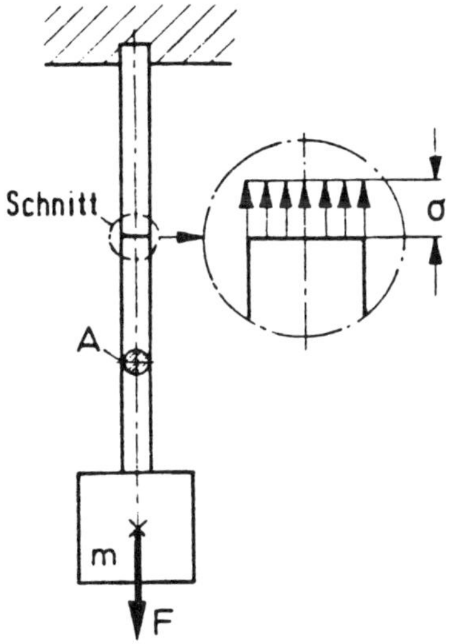

Abb. 2.1:
Stab unter Zugbeanspruchung

Diese Masse übt die Gewichtskraft $F = mg$ auf den Stab aus, der somit „auf Zug" beansprucht ist. (Das Eigengewicht des Stabes darf dabei vernachlässigt werden). Aus der äußeren Belastung F und dem Querschnitt A muß sich die innere Beanspruchung ergeben. Um sie zu bestimmen wenden wir das sog. Schnittprinzip an: Wir denken uns den Stab irgendwo durchgeschnitten. Der untere Teil würde dann, für sich allein betrachtet, unter der Wirkung der Kraft F nach unten fallen. Um dies zu verhindern, müssen wir an der Schnittfläche eine nach oben gerichtete Kraft als Ersatz für die Wirkung des oberen, weggeschnittenen Teils anbringen, die aus Gleichgewichtsgründen genau so groß sein muß wie F. Diese Schnittkraft F kann nun aber nicht als punktförmige Einzelkraft im Mittelpunkt des Querschnitts wirken. Dies würde ja bedeuten, daß nur ein zentrales Körperteilchen belastet und verformt würde, alle benachbarten dagegen nicht. Aus der Verformung des Stabes, bei der Anfangs - und Endquerschnitt eben und parallel bleiben, können wir vielmehr schließen, daß die Beanspruchung in jedem Punkt der Querschnittsfläche gleich groß ist. Wir müssen uns also die Schnittkraft F

gleichmäßig über den ganzen Querschnitt verteilt („verschmiert") vorstellen, wie durch die Pfeile angedeutet. Für eine bestimmte Kraft F würden sich dann bei großer Fläche A relativ kleine Pfeile ergeben und umgekehrt. Um ein sinnvolles, von A unabhängiges Maß für die innere Beanspruchung zu bekommen, beziehen wir die Kraft auf die Querschnittsfläche. Wir fragen also: Wie groß ist die innere Kraft pro mm^2 Querschnittsfläche? Diese Kraft pro Flächeneinheit („Kraftdichte") heißt Spannung. Bei der Zugbeanspruchung unseres Stabes ergibt sich somit die Spannung als Quotient aus Schnittkraft und Schnittfläche zu $\sigma = F/A$. Die Einheit der Spannung ist dementsprechend N/mm^2.

Damit ist die Spannungsberechnung erledigt. Wir müssen uns jetzt über das Verhalten des Werkstoffs unter Zugbelastung informieren. Dazu führen wir einen Zugversuch durch.

2.2 Zugversuch und zulässige Spannung

Der Zugversuch nach DIN 50 145 ist der grundlegende und bei weitem wichtigste Versuch in der Werkstoffprüfung. Bei diesem Versuch wird eine zylindrische Probe nach Abb. 2.2 mit genormten Abmessungen in einer Prüfmaschine stetig zunehmend gedehnt bis zum Bruch.

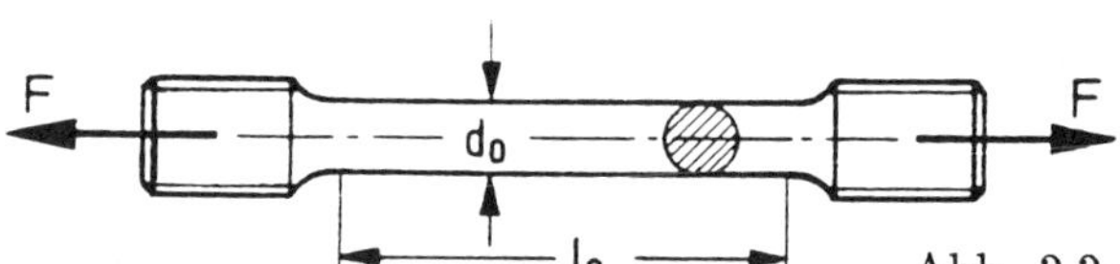

Abb. 2.2: Zugprobe

Dabei wird die erforderliche Zugkraft F in Abhängigkeit von der Verlängerung Δl der Probe gemessen. Ein solches $(F, \Delta l)$-Schaubild sieht für einen üblichen Baustahl (z.B. St 50, unlegierter C–Stahl mit ausgeprägter Streckgrenze) wie in Abb. 2.3 wiedergegeben aus. Es beginnt mit einem steilen, linearen Anstieg der Kraft F. In diesem Bereich, wo Kraft und Verlängerung proportional zueinander sind, ist der Werkstoff elastisch. Das bedeutet, daß die Verformung wieder vollkommen verschwindet, wenn die Belastung weggenommen wird. An den elastischen Bereich schließt sich der Fließbereich an. Nach einer mehr oder weniger ausgeprägten Kraftspitze bei der oberen Streckgrenzenlast F_{S_o} verlängert sich hier der Stab unter der nahezu gleichbleibenden unteren Streckgrenzenlast F_{S_u} um einen bestimmten Betrag, der Werkstoff „fließt". Dies ist zugleich der Übergang vom elastischen zum plastischen Werkstoffzustand. Wenn man in diesem Bereich den Stab entlastet, so geht nur der elastische Anteil der Verlängerung zurück – die Entlastungslinie ist eine Gerade, die parallel zum anfänglichen elastischen Anstieg verläuft –, der restliche , plastische Verformungsanteil führt zu einer bleibenden Verlängerung des Stabes.

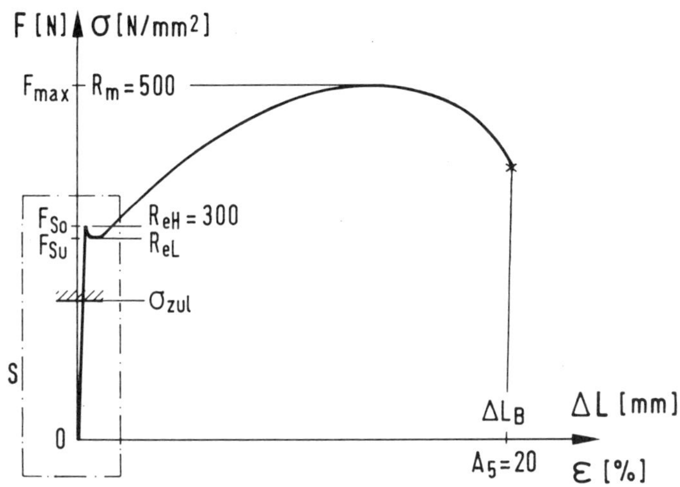

Abb. 2.3: Kraft-Verlängerungs- bzw. Spannungs-Dehnungs-Diagramm des Baustahls St 50 (schematisch)

Um den Werkstoff nach dem Fließbereich weiter zu verformen, bedarf es wieder einer Steigerung der Kraft, der Werkstoff „verfestigt" sich. Die Kraft-Verlängerungs-Kurve verläuft dabei immer flacher und erreicht schließlich einen Hochpunkt. Bis hierher hat sich die Verformung gleichmäßig auf die ganze Stablänge verteilt, d.h. der Stab ist zwar länger geworden, hat aber seine zylindrische Form behalten, weil sich der Durchmesser aller Querschnitte um den gleichen Betrag vermindert hat. Vom Höchstlastpunkt an konzentriert sich die plastische Verformung auf den – zufällig – schwächsten Querschnitt. Der Stab wird dort zusehends dünner, er „schnürt sich ein". Da der tragende Querschnitt dadurch immer kleiner wird, sinkt auch die ertragbare Last F ab, bis sie schließlich vom Restquerschnitt nicht mehr aufgenommen werden kann und der Bruch erfolgt. Abb. 2.4 zeigt einen solchen gerissenen Probestab.

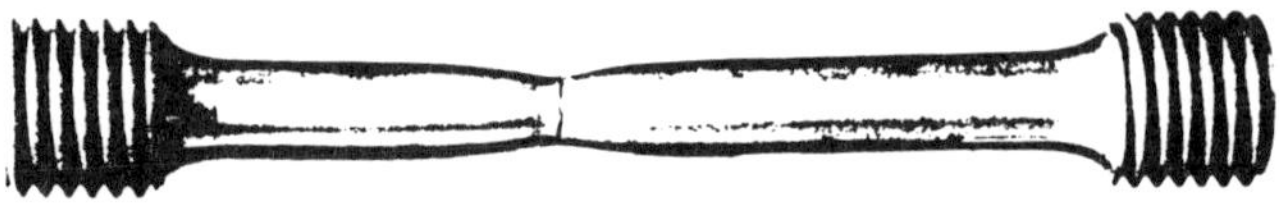

Abb. 2.4: Probestab aus Stahl nach dem Bruch

Das (F, Δl)-Schaubild ist von den Abmessungen der jeweiligen Probe abhängig. Um das reine Werkstoffverhalten auszudrücken, muß es davon unabhängig sein. Man führt deshalb bezogene Größen ein. Man bezieht F auf den (konstanten) Ausgangsquerschnitt A_o der Probe und erhält so die Spannung $\sigma = F/A_o$, und man bezieht die Verlängerung Δl auf die (konstante) Ausgangsmeßlänge l_o und bekommt damit die Dehnung $\varepsilon = \Delta l/l_o$. Aus dem Kraft-Verlängerungs-Diagramm ist somit ein Spannungs-Dehnungs-Diagramm geworden.

Dem Spannungs-Dehnungs-Diagramm des Zugversuchs kann man eine Reihe von Werkstoffkennwerten entnehmen, die etwas über die Festigkeit, Verformbarkeit und Elastizität des Werkstoffs aussagen. Nach DIN 50 145 sind diese Kennwerte folgendermaßen definiert:

a) Festigkeitskennwerte: Zugfestigkeit $R_m = \dfrac{F_{max}}{A_0}$ (N/mm²)

Obere Streckgrenze $R_{eH} = \dfrac{F_{So}}{A_0}$ (N/mm²)

Untere Streckgrenze $R_{eL} = \dfrac{F_{Su}}{A_0}$ (N/mm²)

Die Zugfestigkeit kennzeichnet also die höchste ertragbare Belastung, die (obere) Streckgrenze das Ende des elastischen Zustandes des Werkstoffs. (Für die Festigkeitsberechnung ist die obere Streckgrenze maßgebend. Wir wollen deshalb im folgenden unter der Streckgrenze R_e immer den oberen Wert R_{eH} verstehen).

b) Verformungskennwerte: Bruchdehnung $A = \dfrac{\Delta l_B}{l_0} \cdot 100$ (%)

Brucheinschnürung $Z = \dfrac{A_0 - A_B}{A_0} \cdot 100$ (%)

Die Brucheinschnürung (oder Querschnittsverminderung) Z läßt sich nicht direkt aus dem (σ, ε)-Diagramm ablesen. Zu ihrer Bestimmung muß man den Bruchquerschnitt A_B messen.

c) Elastische Kennwerte

Zwei weitere Kennwerte, die sich auf das elastische Werkstoffverhalten beziehen, lassen sich aus dem Anfangsteil des (σ, ε)-Diagramms entnehmen. Dazu betrachten wir den in Abb. 2.5 wiedergegebenen Ausschnitt S von Abb. 2.3 mit dem leicht idealisierten Spannungs-Dehnungs-Verlauf.

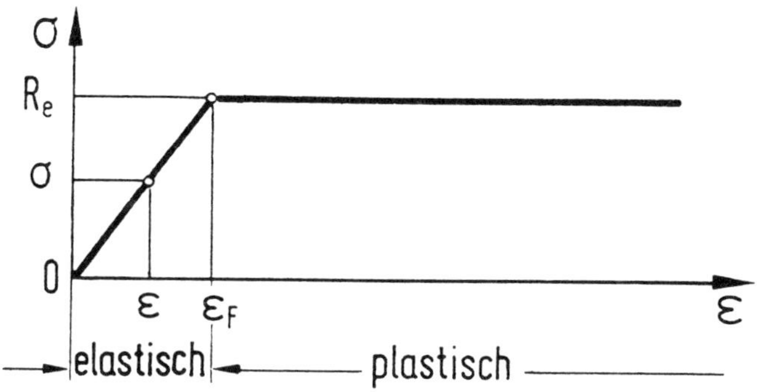

Abb. 2.5: Spannungs-Dehnungs-Diagramm (Ausschnitt)

Für $\sigma < R_e$ bzw. $\varepsilon < \varepsilon_F$ (elastischer Bereich) gilt:

$$\frac{\sigma}{\varepsilon} = \text{const.} = E$$

Der Proportionalitätsfaktor E heißt Elastizitätsmodul oder kurz E-Modul. Seine Einheit ist N/mm^2. Der Elastizitätsmodul kennzeichnet den Zusammenhang zwischen Spannung und Dehnung im elastischen Zustand. Der Werkstoff ist umso elastischer, d.h. seine elastische Dehnung ist bei gleicher Spannung umso größer, je kleiner E ist: $\varepsilon = \sigma/E$. Oder umgekehrt gesagt: Je größer der E-Modul, desto steifer ist der Werkstoff. Nach σ aufgelöst, erhält man das Hookesche Gesetz (gefunden von Sir Robert Hooke 1676):

$$\sigma = E \cdot \varepsilon$$

Der Elastizitätsmodul ist für alle Stahlsorten annähernd gleich. Er beträgt bei Raumtemperatur $E = 200\,000 - 210\,000$ N/mm^2.

Eine weitere elastische Werkstoffkonstante erhält man, wenn man im Zugversuch neben der Verlängerung Δl, aus der sich die (Längs-)Dehnung $\varepsilon_{(l)} = \Delta l / l_0$ ergibt, auch die Durchmesseränderung Δd mißt und daraus die Querdehnung $\varepsilon_q = \Delta d / d_0$ bestimmt, wie in Abb. 2.6 angedeutet.

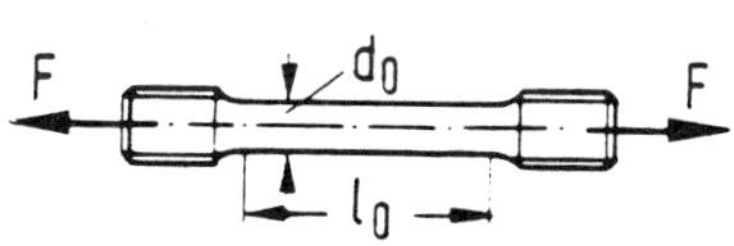

Abb. 2.6: Zugprobe

Man stellt dann fest, daß im elastischen Bereich

$$\varepsilon_q/\varepsilon_l = \text{const.} = -\mu$$

ist (Poissonsches Gesetz). Der Proportionalitätsfaktor μ heißt Querkontraktionszahl. (Anstelle von μ wird auch der Buchstabe ν sowie die Poissonsche Zahl $m = 1/\mu$ verwendet). Die Querkontraktionszahl hat für alle Stahlsorten den annähernd gleichen Wert $\mu = 0,3$ (bzw. $m = 10/3$).

Die Querdehnung ε_q ist also im elastischen Zustand der Längsdehnung ε_l proportional, aber mit umgekehrtem Vorzeichen: Ist ε_l positiv (= Verlängerung), so ist ε_q negativ (= Verkürzung, Stauchung, Zusammenziehung, Kontraktion) und umgekehrt.

Der Werkstoff St 50 war ein Vertreter der allgemeinen Baustähle. Zum Vergleich soll jetzt ein ganz anderer Werkstofftyp betrachtet werden, nämlich das Gußeisen GG–30 (Grauguß). Wir sehen uns dazu wieder das Spannungs-Dehnungs-Diagramm an, das in Abb. 2.7 wiedergegeben ist.

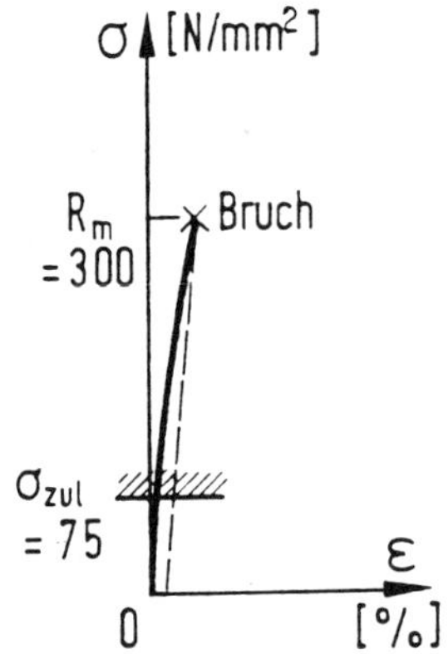

Abb. 2.7:

Spannungs-Dehnungs-Diagramm des Gußeisens GG–30 (schematisch)

Es zeigt einen ganz anderen Verlauf als beim St 50. Auf den steilen, annähernd linearen Anstieg folgt sofort der Bruch. Die große plastische Verformung, die wir beim Stahl beobachten konnten, tritt beim Gußeisen offenbar nicht auf. Hier zeigt sich überhaupt keine Streckgrenze. Bruchdehnung und Brucheinschnürung sind nahezu Null. In Abb. 2.8 ist ein gebrochener Probestab wiedergegeben, an dem deutlich zu sehen ist, daß der Bruch praktisch verformungslos erfolgt.

Abb. 2.8: Probestab aus Grauguß nach dem Bruch

Der Elastizitätsmodul hängt beim Gußeisen wesentlich stärker von der jeweiligen Sorte ab als bei Stahl, wo er nahezu konstant ist. Er beträgt im Mittel $E = 100\,000\ \mathrm{N/mm^2}$. Die Querkontraktionszahl von Gußeisen ist rund $\mu = 0{,}25$.

In folgenden sind die Werkstoffkennwerte von St 50 und GG–30 einander noch einmal gegenübergestellt.

Baustahl St 50			Gußeisen GG–30		
R_e	$=$	$300\ \mathrm{N/mm^2}$	R_e	$=$	- (kein plastisches Fließen)
R_m	$=$	$500\ \mathrm{N/mm^2}$	R_m	$=$	$300\ \mathrm{N/mm^2}$
A_5 *)	$=$	$20\,\%$ } plastisch verformbar	A_5	$\approx$	0 } keine plastische Verformung („spröd")
Z	$=$	$60\,\%$ } („zäh")	Z	$\approx$	0
E	$=$	$210\,000\ \mathrm{N/mm^2}$	E	$=$	$100\,000\ \mathrm{N/mm^2}$
μ	$=$	$0,3$	μ	$=$	0.25

*) Der Index 5 bedeutet: $l_0 = 5 \cdot d_0$ („kurzer Proportionalitätsstab")

Man bezeichnet Werkstoffe vom Typ des St 50 als „zäh", solche vom Typ des GG–30 als „spröd".

Zäh heißt: Der Werkstoff ist plastisch verformbar. Das drückt sich in den Kennwerten R_e, A und Z aus. Im (σ, ε)-Diagramm tritt ein mehr oder weniger ausgeprägter Fließbereich mit Verfestigung auf, und der Stab schnürt sich i.allg. vor dem Bruch ein.

Spröd heißt: Der Werkstoff ist nicht oder kaum plastisch verformbar, nur oder fast nur elastisch. Eine Streckgrenze R_e ist nicht vorhanden und es ist $A \approx Z \approx 0$. Das (σ, ε)-Diagramm besteht im wesentlichen aus dem elastischen Anstieg, der Stab schnürt sich nicht ein.

Der Werkstoff GG–30 ist zwar rund doppelt so elastisch wie St 50, kann sich aber kaum plastisch verformen, wie die folgende Gegenüberstellung zeigt.

Elastische Verformung:

St 50: $\varepsilon_F = R_e/E = 300/210\,000 = 0{,}14\ \%$ GG-30: $\varepsilon_B \approx R_m/E = 300/100\,000 = 0{,}30\ \%$

Plastische Verformung:

St 50: $A_5 \approx 20\ \%$ GG-30: $A \approx 0$

Im folgenden wird uns der Stahl St 50 stets als Vertreter der zähen Werkstoffe, der Grauguß GG-30 als Vertreter der spröden Werkstoffe dienen. Für eine weitere Auswahl von gebräuchlichen Werkstoffen sind auf Blatt A1 und A2 des Anhangs die wichtigsten Werkstoffkennwerte angegeben.

Aus den (σ, ε)-Diagrammen der beiden Werkstoffe war zu sehen, daß beim St 50 mit zunehmender Belastung zunächst sehr große plastische Verformungen auftreten und dann der Bruch erfolgt, während beim GG-30 der Bruch nach sehr geringer, nahezu rein elastischer Verformung eintritt. Beides, der Bruch wie eine zu große plastische Deformation, führt bei einem technischen Bauteil zur Funktionsunfähigkeit.

Machen wir uns das an einem Beispiel klar:
Bei einem Verbrennungsmotor ist der Zylinderkopf durch sog. Zuganker – das sind stangenartige Schrauben – auf dem Kurbelgehäuse befestigt. Diese Zuganker haben die Aufgabe, die Dichtung zwischen Zylinderkopf und Motorblock so stark zusammenzupressen, daß der Verbrennungsraum im Betrieb absolut dicht bleibt. Würde ein solcher Zuganker bis an seine Streckgrenze belastet werden, so würde er sich plastisch dehnen und damit länger werden. Dies hätte zur Folge, daß der Verbrennungsraum möglicherweise nicht mehr ausreichend abgedichtet ist, so daß der Motor nicht mehr die volle Leistung erbringt. Der Zuganker wäre somit funktionsunfähig geworden, weil er sich – wenn auch nur sehr wenig – plastisch verformt hat. Erst recht verliert der Zuganker seine Funktionsfähigkeit, wenn er bricht.

In der Festigkeitslehre bezeichnet man jede Art von Funktionsunfähigkeit als Versagen. Ein Konstruktionsteil aus St 50 kann somit entweder durch zu große plastische Verformungen („Fließen") oder durch einen Bruch versagen, wogegen bei einem Bauteil aus GG-30 als Versagensmöglichkeit nur der Bruch in Betracht kommt. Durch die elastischen Verformungen allein wird dagegen die Funktionsfähigkeit einer Konstruktion i.allg. nicht gefährdet.

Die Festigkeitsberechnung, mit der das Versagen eines Bauteils verhindert werden soll, muß sich dementsprechend nach den jeweils möglichen Versagensarten richten. Man führt daher bei zähen Werkstoffen die Festigkeitsberechnung gegen Fließen und gegen Bruch durch, während man bei spröden Werkstoffen nur gegen Bruch rechnet. Das bedeutet, daß die zulässige Spannung mit einem ausreichenden Sicherheitsabstand unter demjenigen Werkstoffkennwert bleiben muß, der für die jeweilige Versagensart maßgebend ist. Dies ist für „Fließen" die Streckgrenze R_e, für „Bruch" die Zugfestigkeit R_m.

Mit dem Sicherheitsbeiwert sollen alle Unsicherheiten in der Festigkeitsberechnung abgedeckt werden. Derartige Unsicherheiten liegen etwa in den Lastannahmen (Belastungsschwankungen), in den Werkstoffkennwerten (Gefügeinhomogenitäten, Werkstoffehler), in der Spannungsberechnung (Idealisierungen) usw. Die Höhe des Sicherheitsbeiwertes richtet sich nach Zahl und Gewicht der Unsicherheitsfaktoren, die auszugleichen sind, aber auch nach dem Gefahrenmoment, das mit dem Erreichen der Grenzbeanspruchung verbunden ist und den möglichen Folgen im Falle des Versagens. Man kann daher gegen Fließen mit einem niedrigeren Sicherheitsbeiwert rechnen als gegen Bruch. Die Sicherheit gegen Bruch wiederum ist umso höher anzusetzen, je geringer die Verformungsfähigkeit des Werkstoffs ist. Bei einem zähen Werkstoff kündigt sich der Bruch nämlich durch große plastische Formänderungen an, während einem Sprödbruch keinerlei warnende Anzeichen vorausgehen.

In Tabelle 2.1, wo die zur Bestimmung der zulässigen Spannung nötigen Berechnungswerte noch einmal zusammengestellt sind, sind Richtzahlen für die Sicherheitsbeiwerte angegeben, wie sie üblicherweise verwendet werden. (Das neben R_e in Klammern angegebene Zeichen $R_{p0,2}$ steht für die Ersatzstreckgrenze oder 0,2–Grenze von Werkstoffen, die keine ausgeprägte Streckgrenze besitzen. $R_{p0,2}$ ist diejenige Spannung, die nach Entlasten eine bleibende Dehnung von 0,2% hinterläßt.)

Werkstoff	Versagensart	Maßgebender Werkstoffkennwert	Sicherheitsbeiwert
zäh	Fließen	R_e $(R_{p0,2})$	$S_F = 1,2 - 2$
	Bruch	R_m	$S_B = 2 - 3$
spröd	Bruch	R_m	$S_B = 4 - 9$

Tab. 2.1: Berechnungswerte zur Bestimmung der zulässigen Spannung

Damit können wir für unsere beiden Werkstoff-Vertreter die zulässige Spannung festlegen. Mit den gewählten Sicherheitsbeiwerten $S_F = 1{,}5$ und $S_B = 2$ für St 50 sowie $S_B = 4$ für GG-30 erhält man

für St 50: a) $$\sigma_{zul} = \frac{R_e}{S_F} = \frac{300}{1{,}5} = 200 \text{ N/mm}^2$$

b) $$\sigma_{zul} = \frac{R_m}{S_B} = \frac{500}{2} = 250 \text{ N/mm}^2$$

Bei Bauteilen, bei denen als Versagensart sowohl Fließen als auch Bruch in Frage kommt, ist für die Festigkeitsberechnung die niedrigere zulässige Spannung, hier also 200 N/mm^2, zu verwenden.

für GG-30: $$\sigma_{zul} = \frac{R_m}{S_B} = \frac{300}{4} = 75 \text{ N/mm}^2$$

Diese zulässige Spannungen sind in Abb. 2.3 und Abb. 2.7 eingetragen.

Damit haben wir die wirksame Spannung σ und die zulässige Spannung σ_{zul} bestimmt. Wir können jetzt an die eigentliche Festigkeitsberechnung gehen. Dazu betrachten wir ein einfaches Beispiel, eine Zugstange mit Kreisquerschnitt. Wir wollen hier verschiedene Fragestellungen durchspielen.

2.3 Beispiel: Zugstange

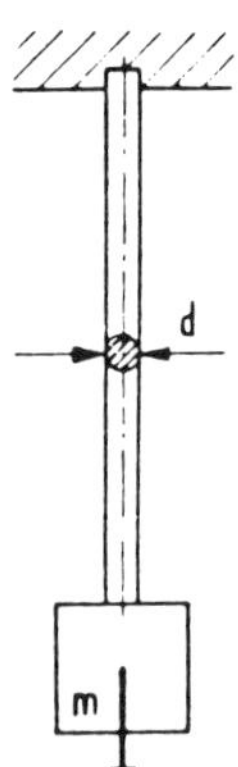

a) Wie groß muß der Durchmesser d einer Zugstange aus dem Werkstoff St 50 mindestens sein, wenn sie eine Masse von $m = 2\,000$ kg mit Sicherheit aufnehmen soll?

b) Eine Zugstange aus dem Werkstoff GG-30 hat einen Durchmesser von $d = 15$ mm. Ist der Sicherheitsbeiwert ausreichend, wenn sie mit der Masse $m = 2\,000$ kg belastet wird?

c) Wie groß ist die zulässige Masse für die Stange von Fall b)?

a) Gegeben: Masse m = 2 000 kg
Werkstoff St 50

Gesucht: $d = ?$

Die Masse $m = 2\,000$ kg übt auf den Stab eine Zugkraft von $F = m \cdot g = 2\,000 \cdot 9.81 = 19\,620$ N aus.

$$\left.\begin{array}{l} F = 19\,620 \text{ N} \\ A = \frac{\pi}{4} d^2 = ? \end{array}\right\} \sigma = \frac{F}{A} = \frac{4F}{\pi d^2}$$

Als Versagensmöglichkeit ist Fließen und Bruch in Betracht zu ziehen.

$$\left.\begin{array}{l} R_e = 300 \text{ N/mm}^2 \\ S_F = 1,5 \text{ gewählt} \end{array}\right\} \sigma_{zul} = R_e/S_F = 200 \text{ N/mm}^2 \ (< R_m/S_B)$$

Festigkeitsbedingung: $\sigma \leq \sigma_{zul} \rightarrow \frac{4F}{\pi d^2} = \sigma_{zul}$

$$d = \sqrt{\frac{4F}{\pi \sigma_{zul}}} = \sqrt{\frac{4 \cdot 19\,620}{\pi \cdot 200}} = 11,2 \text{ mm}$$

b) Gegeben: $m = 2\,000$ kg
$d = 15$ mm
Werkstoff GG-30

Gesucht: $S_B = ?$

$$\left.\begin{array}{lll} F & = & 19\,620 \text{ N} \\ A & = & \frac{\pi}{4} d^2 = \frac{\pi}{4} \cdot 15^2 = 177 \text{ mm}^2 \end{array}\right\} \sigma = \frac{F}{A} = \frac{19\,620}{177} = 110,8 \text{ N/mm}^2$$

$$\left.\begin{array}{lll} R_m & = & 300 \text{ N/mm}^2 \\ S_B & = & ? \end{array}\right\} \sigma_{zul} = \frac{R_m}{S_B}$$

Festigkeitsbedingung: $\sigma \leq \sigma_{zul} \rightarrow \sigma = \dfrac{R_m}{S_B}$

$$S_B = \frac{R_m}{\sigma} = \frac{300}{110,8} = 2,70$$

Diese Sicherheit ist nach Tabelle 2.1 nicht ausreichend.

c) Gegeben: $d = 15$ mm
Werkstoff GG-30

Gesucht: $m_{zul} = ?$

$$\left.\begin{aligned} F &= ? \\ A &= \frac{\pi}{4} d^2 = 177 \text{ mm}^2 \end{aligned}\right\} \sigma = \frac{F}{A}$$

$$\left.\begin{aligned} R_m &= 300 \text{ N/mm}^2 \\ S_B &= 4 \text{ gewählt} \end{aligned}\right\} \sigma_{zul} = \frac{R_m}{S_B} = \frac{300}{4} = 75 \text{ N/mm}^2$$

Festigkeitsbedingung: $\sigma \leq \sigma_{zul} \rightarrow \dfrac{F}{A} = \sigma_{zul}$

$$\begin{aligned} F &= A \cdot \sigma_{zul} = 177 \cdot 75 = 13\,275 \text{ N} \\ m_{zul} &= F/g = 13\,275/9,81 = 1\,353,1 \text{ kg} \end{aligned}$$

2.4 Gerader prismatischer Stab unter Druckbeanspruchung

Für die Spannungsermittlung können wir die Druckbeanspruchung einfach als Umkehrung der Zugbeanspruchung auffassen. Das weitere Vorgehen ist dann völlig analog zur Zugbeanspruchung. Wir stellen den Stab also gemäß Abb. 2.9 auf eine feste Unterlage und lassen die Masse m auf ihn drücken.

Die Druckkraft $F = mg$ erzeugt dann in einer gedachten Schnittfläche mit dem Querschnitt A die Druckspannung $\sigma_d = -F/A$. Zum Unterschied gegenüber Zugspannungen erhalten Druckspannungen ein negatives Vorzeichen oder den Index d (= Druck), bisweilen auch beides. (Für die Indizierung gilt allgemein: Kleine Indices kennzeichnen eine Beanspruchungsart, z.B. d = Druck, b = Biegung usw., große Indices kennzeichnen eine Beanspruchungsgrenze, z.B. S = Streckgrenze, B = Bruchgrenze usw.). Negative Spannungen sind also künftig Druckspannungen, positive sind Zugspannungen. Druckspannungen stellt man bildlich durch Pfeile dar, die auf die Schnittfläche zeigen – wie in Abb. 2.9 –, Zugspannungen durch Pfeile, die von der Schnittfläche wegweisen – wie in Abb. 2.1 –.

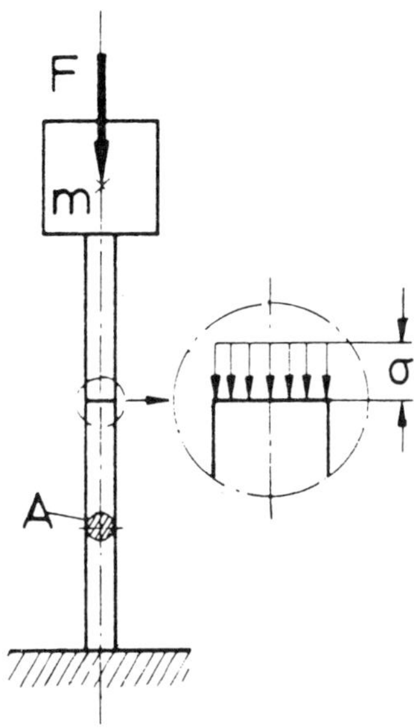

Abb. 2.9:
Stab unter Druckbeanspruchung

Damit ist die im Stab wirkende Spannung bekannt, die Spannungsermittlung also erledigt. Wir wollen nun wieder die zulässige Spannung bestimmen.

2.5 Zulässige Spannung

Um die für die zulässige Spannung erforderlichen Werkstoffkennwerte festzulegen müssen wir das Werkstoffverhalten unter Druckbeanspruchung untersuchen. Dies geschieht im Druckversuch nach DIN 50 106. Dabei wird eine zylindrische Probe nach Abb. 2.10, deren Höhe h_0 i.allg. gleich dem Durchmesser d_0 ist, zwischen zwei Pressplatten zusammengedrückt.

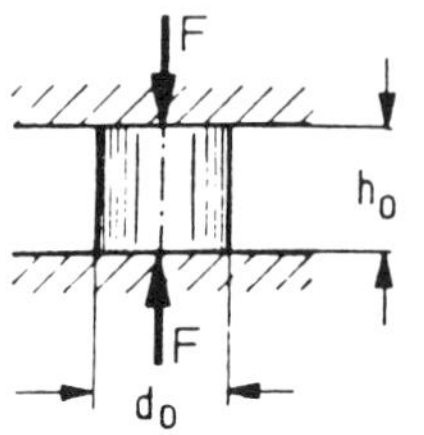

Abb. 2.10: Druckprobe

Aus der Höhenabnahme Δh und der dazu nötigen Kraft F gewinnt man wieder ein Spannungs-Dehnungs-Diagramm, wie in Abb. 2.11 für den Werkstoff St 50 dargestellt. Zum Vergleich ist außerdem noch einmal der (σ, ε)-Verlauf des Zugversuchs gestrichelt eingezeichnet.

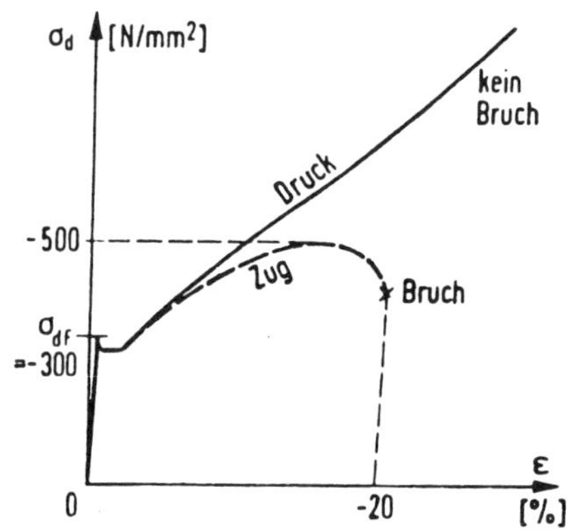

Abb. 2.11: Spannungs-Dehnungs-Diagramm von St 50 unter Druckbeanspruchung (schematisch)

Die Spannungs-Dehnungs-Kurve unter Druckbeanspruchung verläuft zunächst genauso wie im Zugversuch, nur mit umgekehrten Vorzeichen. Sie beginnt mit einem steilen linearen Anstieg bis zum Erreichen der Druckfließgrenze σ_{dF}, die das Ende des elastischen Zustandes kennzeichnet. Sie ist dem Betrag nach gleich groß wie die Streckgrenze R_e im Zugversuch. Daran schließt sich der Fließbereich an, der dann in eine stetig ansteigende Kurve infolge der Verfestigung des Werkstoffs übergeht. Von hier an weicht das Druckversuchsdiagramm mehr und mehr vom Zugversuchsdiagramm ab, bedingt durch den mit abnehmender Höhe immer größer werdenden Durchmesser der Probe. Die Probe wird dabei mehr oder minder plattgedrückt, ohne daß ein Bruch erfolgt. Eine Druckfestigkeit σ_{dB} läßt sich also bei dem Werkstoff St 50 nicht bestimmen, ebensowenig wie die Verformungskennwerte Bruchdehnung A und Brucheinschnürung Z. Letzteres bedeutet natürlich nicht, daß der

St 50 keine plastische Dehnung aufweisen würde. Wie Abb. 2.11 zeigt, ist die plastische Verformung im Gegenteil sehr groß.

Die elastischen Konstanten Elastizitätsmodul E – gekennzeichnet durch den linearen Anstieg – und Querdehnungszahl μ sind die gleichen wie unter Zugbeanspruchung. Das Werkstoffverhalten im elastischen Zustand ist also gewissermaßen „symmetrisch“ bezüglich Zug und Druck: $E_d = E_z$, $\mu_d = \mu_z$, $\sigma_{dF} = R_e$.

Abb. 2.12 zeigt das Spannungs-Dehnungs-Diagramm des Gußeisens GG-30 – als Vertreter der spröden Werkstoffe – unter Druckbelastung, wieder zusammen mit dem gestrichelt eingezeichneten (σ, ε)-Verlauf des Zugversuchs.

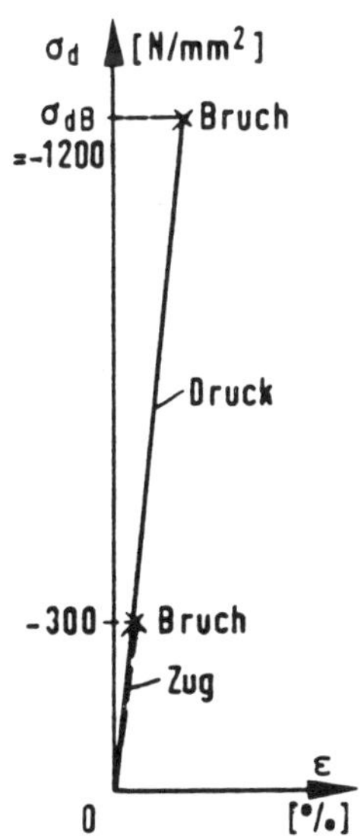

Abb. 2.12:
Spannungs-Dehnungs-Diagramm von GG–30 unter Druckbeanspruchung (schematisch)

Auch hier stimmt das Werkstoffverhalten im Anfangsbereich für Zug und Druck weitgehend überein, d.h. es ist $E_d = E_z$ und $\mu_d = \mu_z$. Im weiteren Verlauf treten aber beträchtliche Unterschiede auf. Während die nominelle Zugfestigkeit nämlich bei $R_m = 300$ N/mm^2 liegt, vermag dieser Werkstoff unter Druck eine wesentlich höhere Spannung zu ertragen bis er schließlich bricht. Die Druckfestigkeit kann bis auf rund das Vierfache der Zugfestigkeit ansteigen, also für den GG-30 auf ca. σ_{dB} = -1200 N/mm^2. Die Probe bricht dann nach überwiegend elastischer Verformung durch Risse, die sich vom oberen und unteren Rand aus schräg nach innen ausbreiten. Vereinigen sich zwei solche Risse, so bricht die Probe längs einer Diagonalebene auf.

Abb. 2.13 zeigt Druckproben aus einem zähen und einem spröden Werkstoff nach dem Druckversuch.

Abb. 2.13:
Druckproben aus zähem und spröden Werkstoff nach dem Versuch

In Blatt A2 des Anhangs ist für eine Reihe von Gußeisensorten die Druckfestigkeit angegeben. Da die Druckfestigkeit durchweg weit höher ist als die Zugfestigkeit, sollte man bestrebt sein, Konstruktionen aus Gußeisen so einzusetzen, daß sie vorwiegend auf Druck beansprucht sind.

Aus den Spannungs-Dehnungs-Diagrammen von St 50 und GG-30 ist ersichtlich, daß als Versagensarten bei zähen Werkstoffen das Fließen, bei spröden Werkstoffen der Bruch in Betracht zu ziehen ist. Mit den gleichen Sicherheitsbeiwerten wie bei Zug betragen die entsprechenden zulässigen Spannungen dann

$$\text{für St 50:} \qquad \sigma_{zul} = \frac{\sigma_{dF}}{S_F} = -\frac{300}{1,5} = -200 \text{ N/mm}^2$$

$$\text{für GG-30:} \qquad \sigma_{zul} = \frac{\sigma_{dB}}{S_B} = -\frac{1200}{4,0} = -300 \text{ N/mm}^2$$

Damit ist auch die zulässige Spannung bestimmt, wir könnten jetzt wieder an die eigentliche Festigkeitsberechnung gehen. Zuvor ist aber noch eine Besonderheit der Druckbeanspruchung zu beachten. Bei druckbeanspruchten Stäben ist nämlich eine weitere Versagensart möglich, das Ausknicken.

2.6 Knickung

Belastet man einen schlanken Stab, wie in Abb. 2.14 dargestellt, mit einer langsam und stetig zunehmenden Druckkraft, so beobachtet man, daß der Stab bis zu einer bestimmten Kraft seine gerade Form behält, dann aber plötzlich ausknickt.

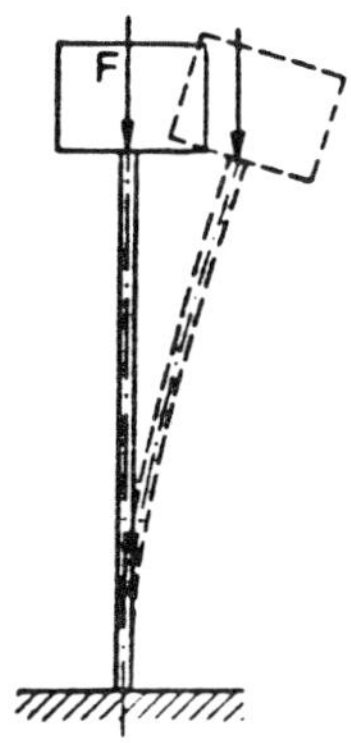

Abb. 2.14:
Ausknicken unter Druckbeanspruchung

Die Größe dieser Kraft – die Knicklast – hängt zunächst einmal von der geometrischen Form des Stabes, also von dessen Länge und Querschnitt ab; zum anderen aber wird sie sehr stark mitbestimmt von den jeweiligen Randbedingungen, d.h. von der Art und Weise, wie die beiden Stabenden eingespannt oder geführt sind. Man unterscheidet dementsprechend die in Abb. 2.15 dargestellten vier Eulerschen Knickfälle.

Knickfall (nach Euler)	 ①	 ②	 ③	 ④
Knicklast F_K	$\frac{\pi^2}{4} \cdot \frac{EJ}{l^2}$	$\pi^2 \cdot \frac{EJ}{l^2}$	$2\pi^2 \cdot \frac{EJ}{l^2}$	$4\pi^2 \cdot \frac{EJ}{l^2}$

Abb. 2.15: Eulersche Knickfälle

Der Stab, der jeweils gleiche Länge und Querschnittsform haben soll, ist im 1. Fall unten fest eingespannt. Er kann dort weder seitlich ausweichen noch sich schräg stellen (die Einspanntangente bleibt vertikal). Oben ist er ohne äußere Führung oder Einspannung. Hier kann er also seitlich ausweichen und sich schräg stellen. Im 2. Fall ist der Stab an beiden Enden gelenkig gelagert. Er kann deshalb nicht nach der Seite ausweichen, wohl aber können sich die Stabenden leicht verdrehen, die Tangenten bleiben dort also nicht vertikal. Bei Fall 3 ist der Stab oben gelenkig, unten fest eingespannt, und bei Fall 4 schließlich ist das untere Stabende fest eingespannt, das obere vertikal geführt.

Die zugehörigen Knicklasten F_K sind jeweils unter dem betreffenden Knickfall angegeben. Sie enthalten alle den Faktor EI/l^2. In ihm steckt neben dem Elastizitätsmodul die Geometrie des Stabes, ausgedrückt durch die Länge l und das sog. Trägheitsmoment I des Querschnitts. Die Knicklast ist also um so höher, je größer der E-Modul, d.h. je steifer der Werkstoff ist. Sehr stark wirkt sich die Stablänge auf die Knicklast aus. Da sie im Quadrat auftritt, bedeutet dies z.B., daß bei einer Verdoppelung von l die Knicklast auf ein Viertel ihres ursprünglichen Wertes abnimmt. Das Trägheitsmoment schließlich enthält die Querschnittsgröße und -form. Damit werden wir uns im nächsten Abschnitt – beim Grundbelastungsfall Biegung – näher befassen. Jetzt sei nur so viel gesagt, daß nicht so sehr die Größe der Querschnittsfläche entscheidend ist, sondern ihre Verteilung. Dies kann man sich leicht klar machen, wenn man sich einen Stab einmal mit Vollkreisquerschnitt, dann als dünnwandiges Rohr mit derselben Querschnittsfläche vorstellt. Im letzteren Fall wird unter sonst gleichen Bedingungen die Knicklast sicher wesentlich höher sein. Die geometrischen Größen des Stabes kann man zu einem charakteristischen dimensionslosen Ausdruck, dem Schlankheitsgrad $\lambda = l \cdot \sqrt{A/I}$ zusammenfassen, auf dessen Bedeutung wir gleich noch zurückkommen.

Die Größe EI/l^2 ist nun noch mit einem je nach Knickfall unterschiedlich großen Zahlenwert multipliziert. In diesem Koeffizienten drückt sich die Wirkung der Einspannungen aus. Vergleicht man z.B. die Knickfälle 1 und 4, so sieht man, daß bei gleicher Stabgeometrie die Knicklast für den Fall 4 16 mal so groß ist wie für den Fall 1. Die Einspannbedingungen haben also maßgeblichen Einfluß auf die Höhe der Knicklast.

Die Knicklast hängt somit in erster Linie von den geometrischen Verhältnissen ab. Der Werkstoff ist nur über den Elastizitätsmodul von Einfluß. Eigentliche Festigkeitskennwerte, wie die Streckgrenze oder die Zugfestigkeit, erscheinen dagegen nicht. Das Knicken ist – wie das Beulen – ein Instabilitätsvorgang, der im wesentlichen von der geometrischen Form des Bauteils bestimmt wird.

Die Knickspannung – das ist die Druckspannung im Augenblick des Ausknickens – beträgt somit

$$\sigma_K = -F_K/A$$

Um das Ausknicken zu verhindern, legen wir eine zulässige Knickspannung fest mit dem Wert

$$\sigma_{K\,zul} = \frac{\sigma_K}{S_K} = -\frac{F_K}{A \cdot S_K}$$

Der Sicherheitsbeiwert gegen Knicken wird üblicherweise mit

$$S_K = 2,5 - 5$$

angesetzt. Diese relativ hohen Werte sind deshalb nötig, weil die kritische Belastung, bei der ein Instabilitätsvorgang einsetzt, schon durch geringe Abweichungen von den theoretischen Annahmen über die Form eines Bauelements und die Art der Belastung – z.B. durch leicht exzentrischen Lastangriff bei Druckstäben – erheblich herabgesetzt wird: Die Knicklast ist sehr empfindlich gegen kleine „Imperfektionen".

Fassen wir zusammen: Bei der Druckbeanspruchung müssen wir verschiedene Werte für die zulässige Spannung berücksichtigen, nämlich:

a) gegen Fließen: $\sigma_{zul} = \dfrac{\sigma_{dF}}{S_F}$

b) gegen Bruch: $\sigma_{zul} = \dfrac{\sigma_{dB}}{S_B}$

c) gegen Ausknicken: $\sigma_{K\,zul} = \dfrac{\sigma_K}{S_K}$

Maßgebend für die Festigkeitsberechnung ist dann die kleinste zulässige Spannung, die sich für die in Betracht kommenden Versagensmöglichkeiten ergibt.

Die Werte a) und b) sind vom verwendeten Werkstoff abhängig, nicht jedoch von der geometrischen Gestalt des betreffenden Bauteils, wogegen der Wert c) in erster Linie von der geometrischen Form bestimmt wird und – abgesehen vom E-Modul – unabhängig vom Werkstoff ist.

Dies ist noch einmal veranschaulicht in Abb. 2.16. Hier ist die zulässige Spannung der beiden Werkstoffe St 37 und St 70 für die Versagensarten Fließen und Knicken über dem Schlankheitsgrad λ aufgetragen.

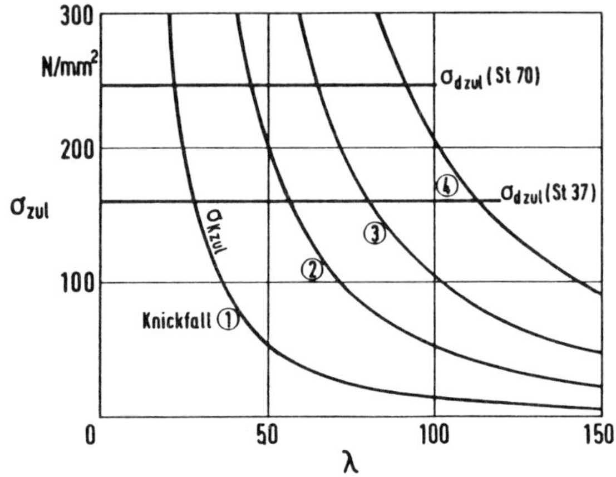

Abb. 2.16: Zulässige Spannungen der Stähle St 37 ($\sigma_{dF} = 240\ \mathrm{N/mm^2}$) und St 70 ($\sigma_{dF} = 370\ \mathrm{N/mm^2}$) bei Druckbeanspruchung ($S_F = 1,5$; $S_K = 4$; $E = 210\,000\ \mathrm{N/mm^2}$)

Die zulässigen Spannungen gegen Fließen sind unabhängig von λ, sie erscheinen als waagrechte Geraden $\sigma_{zul} = \text{const.}$ Die zulässigen Spannungen gegen Knicken hingegen hängen sehr stark von λ ab, wie die folgende Ableitung (für den Knickfall 1) zeigt:

$$\begin{aligned} |\sigma_{K\,zul}| &= \frac{F_K}{AS_K} \\ &= \frac{\pi^2 EI}{4l^2 AS_K} = \frac{\pi^2 E}{4S_K} \cdot \frac{1}{(l^2 A/I)} \\ &= \frac{\pi^2 E}{4S_K} \cdot \frac{1}{\lambda^2} = \frac{\text{const.}}{\lambda^2} \end{aligned}$$

Dies ergibt in Abb. 2.16 eine hyperbelartige Kurve für $\sigma_{K\,zul}$, die für beide Werkstoffe gilt. Entsprechende Kurven erhält man auch für die übrigen Knickfälle. Es hängt also vom jeweiligen Schlankheitsgrad ab, ob σ_{dzul} oder $\sigma_{K\,zul}$ den kleineren Wert liefert, der dann für die Festigkeitsberechnung maßgebend ist. Allgemein ist aus Abb. 2.16 zu ersehen, daß schlanke Stäbe vorwiegend durch Knicken, gedrungene Stäbe vorwiegend durch Fließen (bzw. Bruch) versagen.

Nun wieder ein Beispiel zur Festigkeitsberechnung bei Druckbeanspruchung.

2.7 Beispiel: Säule

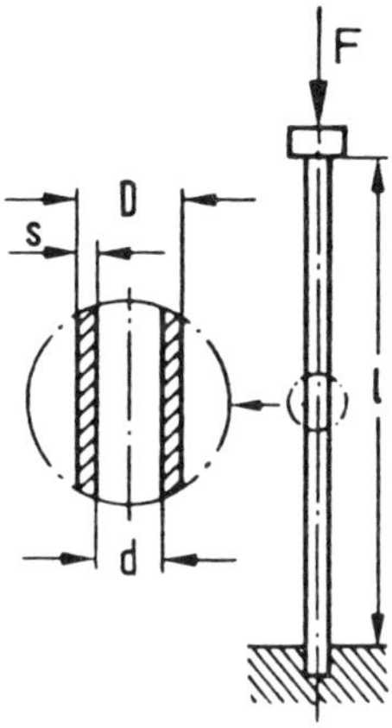

Eine Säule aus dem Werkstoff St 34 mit Kreisringquerschnitt soll eine axiale Druckkraft von $F = 100\,000\,\text{N}$ aufnehmen. Sie hat die Länge $l = 1200\,\text{mm}$ und den Außendurchmesser $D = 80\,\text{mm}$, ist am unteren Ende fest eingespannt, am oberen Ende ohne äußere Führung.

a) Auf welche Weise kann die Säule versagen?

b) Wie groß ist die erforderliche Wanddicke s?

a) Aus Anhang A2:

St 34:
$$R_e = 210\ \text{N/mm}^2$$
$$R_m = 340\ \text{N/mm}^2$$
$$A_5 = 28\ \%$$
$$E = 210\,000\ \text{N/mm}^2$$

St 34 ist ein zäher Werkstoff. Als Versagensarten kommen somit in Betracht:

1) Fließen
2) Knicken

b) Wirkende Spannung:

$$\left.\begin{aligned} F &= 100\,000\ \text{N} \\ A &= \frac{\pi}{4}(D^2 - d^2) \end{aligned}\right\} \sigma = -\frac{F}{A} = -\frac{4F}{\pi(D^2 - d^2)}$$

Zulässige Spannung:

1) Rechnung gegen Fließen:

$$\left.\begin{aligned} \sigma_{dF} &= -R_e = -210\ \text{N/mm}^2 \\ S_F &= 1,5\ \text{(gewählt)} \end{aligned}\right\} \sigma_{zul} = \frac{\sigma_{dF}}{S_F} = -\frac{210}{1,5} = -140\ \text{N/mm}^2$$

Festigkeitsbedingung:

$$\sigma \leq \sigma_{zul} \quad \rightarrow \quad -\frac{4F}{\pi(D^2 - d^2)} = \sigma_{zul}$$

$$d = \sqrt{D^2 + \frac{4F}{\pi\sigma_{zul}}} = \sqrt{80^2 - \frac{4 \cdot 100\,000}{\pi \cdot 140}} = 74 \text{ mm}$$

$$s = \frac{1}{2} \cdot (D - d) = \frac{1}{2} \cdot (80 - 74) = 3 \text{ mm}$$

2) Rechnung gegen Knicken:

Die Einspannverhältnisse der Säule entsprechen dem Knickfall 1:

$$F_K = \frac{\pi^2 EI}{4l^2}$$

Das Trägheitsmoment für einen Kreisringquerschnitt beträgt

$$I = \frac{\pi}{64}(D^4 - d^4)$$

Somit ist

$$F_K = \frac{\pi^3 E}{256\, l^2}(D^4 - d^4)$$

$$\left.\begin{aligned} \sigma_K &= -\frac{F_K}{A} \\ S_K &= 3{,}5 \text{ gewählt} \end{aligned}\right\} \sigma_{K\,zul} = -\frac{F_K}{A \cdot S_K}$$

Festigkeitsbedingung: $\sigma \leq \sigma_{K\,zul} \rightarrow -\frac{F}{A} = -\frac{F_K}{A \cdot S_K}$

$$F = \frac{F_K}{S_K} = \frac{\pi^3 E\,(D^4 - d^4)}{256\, l^2 S_K}$$

$$d = \sqrt[4]{D^4 - \frac{256\, F l^2\, S_K}{\pi^3 \cdot E}}$$

$$
\begin{aligned}
&= \sqrt[4]{80^4 - \frac{256 \cdot 100\,000 \cdot 1200^2 \cdot 3,5}{\pi^3 \cdot 210\,000}} = 67,8 \text{ mm} \\
s &= \frac{1}{2} \cdot (D - d) = \frac{1}{2} \cdot (80 - 67,8) = 6,1 \text{ mm}
\end{aligned}
$$

Die Wanddicke der Säule muß also im Hinblick auf ein mögliches Versagen durch Knicken festgelegt werden.

3 Biegung

3.1 Gerader prismatischer Balken unter Biegebeanspruchung

Wir kommen nun zum Grundbelastungsfall Biegung und betrachten dazu einen geraden prismatischen Balken unter Biegebeanspruchung. Unter einem Balken versteht man ein langgestrecktes Gebilde, bei dem – wie beim Stab – die Querschnittsabmessungen klein sind gegen die Länge. Während beim Stab die äußeren Kräfte in Richtung der Stabachse wirkten und damit eine Zug- bzw. Druckbeanspruchung erzeugten, greifen sie beim Balken senkrecht zu seiner Achse an und rufen dadurch eine Biegebeanspruchung hervor.

Wir wollen zunächst wieder die Spannung als Maß der inneren Beanspruchung bestimmen und sie dann mit der zulässigen Spannung des Werkstoffs vergleichen. Dazu gehen wir von dem in Abb. 3.1 dargestellten Fall aus. Dieser Balken ist an zwei Punkten gelenkig, d.h. drehbar gelagert – symbolisch dargestellt durch zwei dreieckige Schneiden, auf denen der Balken liegt – und durch zwei senkrechte Kräfte F an den Enden belastet. Der Doppelstrich unter der rechten Schneide bedeutet, daß dieses Lager außerdem horizontal verschiebbar sein soll, so daß hier keine horizontale, sondern nur eine vertikale Lagerkraft entstehen kann. Damit kann auf den Balken keine axiale (Zug- oder Druck-)Kraft wirken.

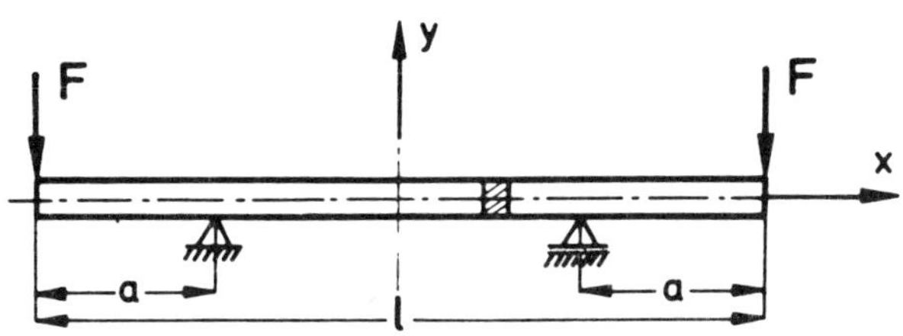

Abb. 3.1:
Biegebalken mit Rechteckquerschnitt

Überlegen wir zuerst, wie sich der Balken verformt. Er wird gebogen, d.h. die vorher gerade Balkenachse wird verkrümmt. Wir wollen diesen Verformungsvorgang an einem kleinen Balkenelement mit der Länge $2dx$ genauer untersuchen.

Im unbelasteten Zustand ist, wie Abb. 3.2a zeigt, die Länge aller „Fasern“ zwischen den beiden parallelen Querschnitten I-I und II-II gleich groß, nämlich $2dx$. Für den belasteten, d.h. verformten Zustand nehmen wir an, daß diese Querschnitte eben und senkrecht zur Balkenachse bleiben (Annahme von Bernoulli). Die Querschnitte I-I und II-II stellen sich also leicht schräg, wie in Abb.3.2b dargestellt.

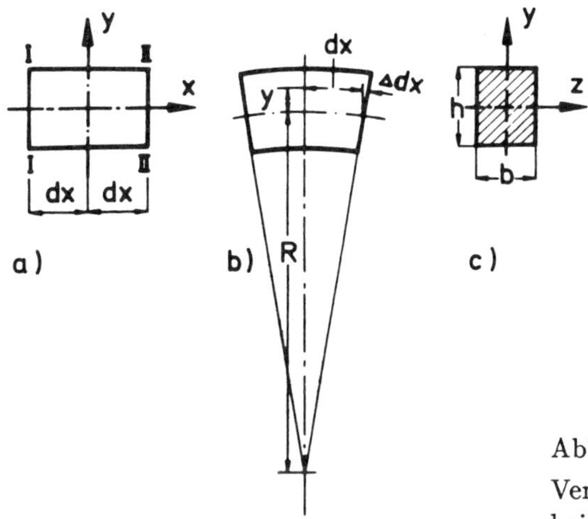

Abb.: 3.2
Verformung eines Elements bei der Biegung

Dadurch werden die Fasern an der (Krümmungs-)„Außenseite" länger, an der „Innenseite" kürzer, und in der Mitte bleiben sie gleich, da bei der Biegung keine Axialkraft auf den Balken wirkt und sich somit die Länge der Balkenachse nicht ändert. Wenn wir eine beliebige, durch den Abstand y von der Balkenachse festgelegte Werkstoffaser herausgreifen, die im unverformten Zustand die Länge dx hatte, so hat sie im verformten Zustand die Länge $dx + \Delta dx$. Um den Zusammenhang zwischen der Verlängerung Δdx und der Gesamtverformung des Balkens zu bestimmen, zeichnen wir in Abb. 3.2b noch den mittleren Krümmungsradius R ein. Auf Grund geometrischer Ähnlichkeiten gilt dann

$$\frac{\Delta dx}{y} = \frac{dx}{R}$$

oder

$$\frac{\Delta dx}{dx} = \frac{y}{R}$$

Der Ausdruck $\Delta dx/dx$ ist aber nichts anderes als die Dehnung der betreffenden Werkstoffaser. Die Dehnungsverteilung über dem Balkenquerschnitt beträgt somit

$$\varepsilon = \frac{y}{R}$$

Von den Dehnungen kommen wir zu den Spannungen mit Hilfe des Hookeschen Gesetzes $\sigma = E \cdot \varepsilon$ aus dem Abschnitt 2.2. Für die Spannungsverteilung gilt dann

$$\sigma = \frac{E}{R} \cdot y$$

Diese Beziehung beschreibt einen geradlinigen (linearen) Verlauf der Spannungen im Querschnitt, wie in Abb. 3.3 wiedergegeben.

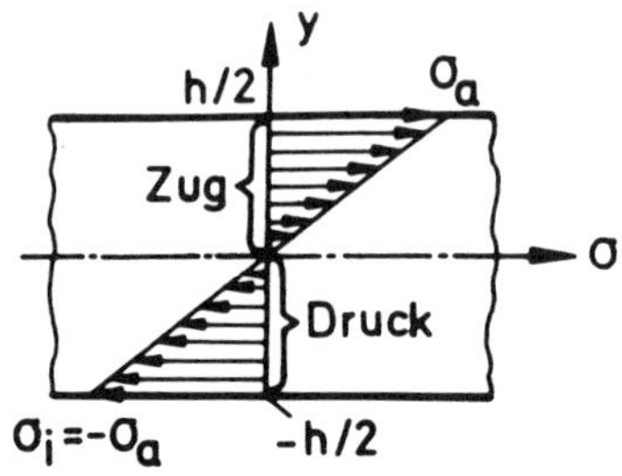

Abb.: 3.3
Spannungsverteilung in einem Biegebalken

Er ergibt sich letztlich aus der Bernoullischen Annahme vom Ebenbleiben der Querschnitte. Die Spannung nimmt also vom Wert Null bei $y = 0$ zu den Rändern hin linear zu bzw. ab. Die Maximalwerte an den Rändern erhält man für den Rechteckquerschnitt von Abb. 3.2c mit $y = \pm h/2$ zu

$$\sigma_a = \frac{Eh}{2R} \quad \text{(Außenfasern)}$$

und

$$\sigma_i = -\frac{Eh}{2R} \quad \text{(Innenfasern)}$$

Die spannungslosen Fasern in der Ebene $y = 0$ heißen neutrale Fasern. Die obere Querschnittshälfte wird somit auf Zug, die untere Hälfte auf Druck beansprucht.

Im Fall des Rechteckquerschnittes haben die Randspannungen zwar verschiedene Vorzeichen, sind aber dem Betrag nach gleich groß: $\sigma_i = -\sigma_a$. Dies gilt jedoch nicht allgemein, sondern nur für Querschnittsformen, die symmetrisch zur Biegeachse sind. Das ist jene Achse, um die sich die Querschnittsebene bei der Biegung dreht (in unserem Fall ist dies die z-Achse in Abb. 3.2c). Bei Querschnitten, die keine solche Symmetrie aufweisen – wie z.B. bei einem auf der Spitze stehenden Dreiecksquerschnitt – , sind die Randspannungen wegen der ungleichen Abstände y zur Biegeachse von unterschiedlichem Betrag.

Die Spannungsverteilung $\sigma = Ey/R$ bei Biegung hängt also ab vom Elastizitätsmodul des Werkstoffs, von der Ortskoordinate y des Querschnitts und vom Krümmungsradius R, d.h. von der Größe der Verformung. Da bei der Biegung die Belastung aber fast immer in Form von äußeren Kräften vorgegeben ist, nützt es uns wenig, wenn wir die Spannung nur in Abhängigkeit von der Verformungsgröße R bestimmen können. Wir müssen vielmehr nach einer Beziehung zwischen der äußeren

Belastung durch die Kräfte F und der dadurch hervorgerufenen linearen Spannungsverteilung im Balkeninneren suchen. Dazu betrachten wir noch einmal unseren Biegebalken in Abb. 3.4.

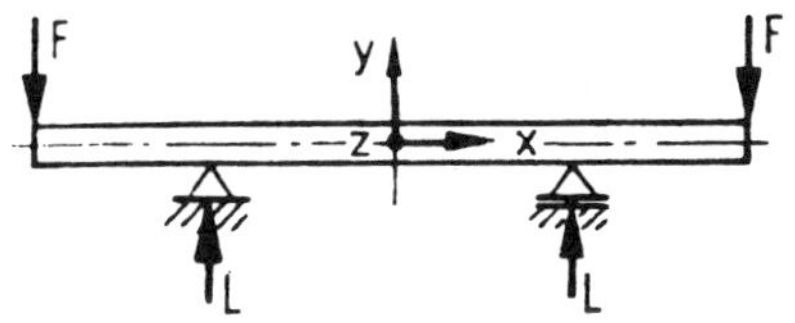

Abb.: 3.4
Bestimmung der äußeren Belastung

Was ist hier die äußere Belastung? Der Balken wird zunächst einmal durch die beiden Kräfte F an den Enden belastet. Dies ist aber nicht alles, was von außen her auf den Balken einwirkt. Denn als Reaktion auf die Kräfte F werden an den beiden Auflagepunkten entsprechende Gegenkräfte ausgeübt. Diese Lagerkräfte L sind ebenfalls zu den äußeren Kräften zu rechnen, da sie für den Balken auch von außen her kommen.

Um die vollständige äußere Belastung zu kennen, müssen wir also zuerst noch die beiden Lagerkräfte L ermitteln. Aus Symmetriegründen sind sie sicher gleich groß und auf Grund der Lagerart – das rechte Lager ist horizontal verschiebbar – senkrecht nach oben gerichtet. Zur quantitativen Bestimmung von L machen wir Gebrauch von einem fundamentalen Axiom (Lehrsatz) der Mechanik, dem Gleichgewichtsaxiom. Es besagt: Damit ein Körper gegenüber seiner Umgebung in Ruhe bleibt, muß das Kräftesystem, das auf ihn einwirkt, im Gleichgewicht sein. Das führt zu der Gleichgewichtsbedingung der Kräfte, welche fordert, daß die Vektorsumme aller äußeren Kräfte gleich Null sein muß: $\sum \overline{F} = 0$. Auf die drei Koordinatenrichtungen von Abb. 3.4 angewandt bedeutet dies, daß

$$\begin{aligned} \sum F_x &= 0 \quad \text{(x-Richtung)} \\ \sum F_y &= 0 \quad \text{(y-Richtung)} \\ \sum F_z &= 0 \quad \text{(z-Richtung)} \end{aligned}$$

sein muß. In unserem Fall treten nur Kräfte in y-Richtung auf. Mit der Vorzeichenfestlegung, daß nach unten gerichtete Kräfte positiv gezählt werden sollen, ergibt sich aus der Gleichgewichtsbedingung $\sum F_y = 0$ die Gleichung

$$\begin{aligned} 2F - 2L &= 0 \\ L &= F \end{aligned}$$

Damit kennen wir nun die vollständige äußere Belastung des Balkens. Die nächste Frage ist: Wo liegt der höchstbeanspruchte Querschnitt? Oder allgemeiner: Wie verteilt sich die Beanspruchung über die Balkenlänge? Um dies herauszufinden machen wir wieder – wie beim Zugstab – Gebrauch vom Schnittprinzip. Es besagt: Wenn man einen belasteten Körper schneidet – um damit gewissermaßen die Spannungen „freizulegen" – so muß man die innere Kraftwirkung, die der weggeschnittene Teil zuvor auf die Schnittfläche ausübte , durch entsprechende äußere Kraftwirkungen an der Schnittstelle ersetzen. Was sind „entsprechende" äußere Kraftwirkungen? Das sind solche, die den verbleibenden Teil wieder ins Gleichgewicht bringen, das ja durch das Zerschneiden gestört wurde. Die nach dem Schnitt noch verbleibenden äußeren Kräfte müssen also zusammen mit den ersatzweise anzubringenden Schnittkräften im Gleichgewicht sein.

Wie sieht das bei unserem Beispiel aus? Wir zeichnen (aus Symmetriegründen nur) die linke Balkenhälfte an (Abb. 3.5) und führen zur Festlegung der jeweiligen Schnittstelle die Ortskoordinate x ein. Da jede Schnittbetrachtung nur für einen Bereich gilt, in welchem sich an der äußeren Belastung nichts ändert, müssen wir 2 Fälle untersuchen:

a) Schnitt zwischen F und L $(0 \leq x \leq a)$

b) Schnitt zwischen L und der Mitte $(a \leq x \leq l/2)$

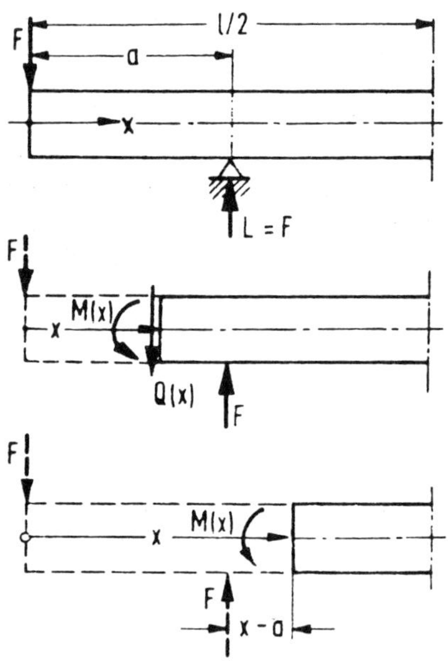

a)

b) Abb. 3.5:
Bestimmung der Schnittgrößen

a) Schnitt bei $0 \leq x \leq a$:
Der weggeschnittene (gestrichelt gezeichnete) Teil übt wegen der Kraft F am Bal-

kenende auf die Schnittfläche sicherlich eine Kraft nach unten aus. Man nennt diese Schnittkraft auch Querkraft Q, weil sie quer zur Balkenachse wirkt. Damit die Gleichgewichtsbedingung der Kräfte erfüllt ist, muß diese Querkraft die Größe F haben: $Q(x) = F$.

Damit ist aber die Wirkung des weggeschnittenen Teils noch nicht völlig ersetzt. Die Kraft F am linken Balkenende sucht nämlich außerdem den Balken zu verbiegen. Diese Wirkung wird als Moment der Kraft bezeichnet. Man sagt, F übt ein Biegemoment auf die Schnittstelle x aus. Dieses Moment ist definiert als Produkt aus Kraft und Hebelarm (genauer: Moment = Vektorprodukt aus Kraftvektor und Fahrstrahl). Hebelarm ist der senkrechte Abstand vom Bezugspunkt des Moments zur Wirkungslinie der Kraft. Man zählt das Moment positiv, wenn die Kraft entgegen dem Uhrzeigersinn um den Bezugspunkt dreht. In unserem Fall ist das von F herrührende Biegemoment auf die Schnittstelle also: $M(x) = Fx$.

Als Symbol für ein Moment verwendet man entweder einen geschwungenen Pfeil wie in Abb. 3.5 oder einen Doppelpfeil, der in der Biegeachse liegt (in Abb. 3.5 wäre das senkrecht zur Zeichenebene).

b) Schnitt bei $a \leq x \leq 1/2$:
Auf den weggeschnittenen Teil wirkte die Kraft F am linken Ende nach unten und die Lagerkraft $L = F$ nach oben. Sie heben sich gegenseitig auf, so daß an der Schnittstelle x keine Querkraft mehr auftritt: $Q(x) = 0$. Damit ist auch der verbleibende Balkenteil im Gleichgewicht, an ihm wirken keine Kräfte mehr. Die Momentenwirkung, die von den beiden Kräften F und L auf die Schnittstelle ausgeübt wird, hebt sich wegen der verschiedenen Vorzeichen zum Teil gegenseitig auf. Als resultierendes Biegemoment ergibt sich: $M(x) = Fx - F(x-a) = Fa$.

Damit kennen wir die Querkraft und das Biegemoment an jeder Stelle des Balkens. Zeichnen wir uns einmal den Verlauf des Biegemoments in Abhängigkeit von x auf. (Die Beanspruchung durch die Querkraft wird zunächst außer acht gelassen, da sie bei Balken in der Regel erheblich geringer ist als die Beanspruchung aus dem Biegemoment. Wir kommen darauf im nächsten Abschnitt zurück).

Wie Abb. 3.6 zeigt, steigt das Moment vom Wert Null an den Balkenenden mit x linear an bis zu den Lagerstellen. Das maximale Biegemoment, d.h. die größte Biegebeanspruchung, tritt also zwischen den Lagern mit dem konstanten Wert $M_{max} = Fa$ auf.

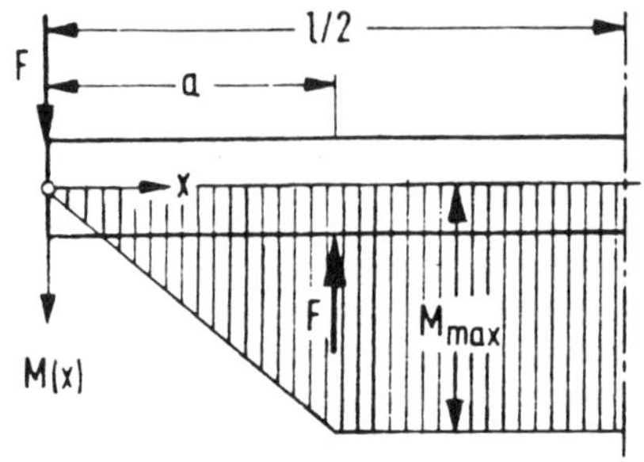

Abb. 3.6:
Verlauf des Biegemoments

Nun wissen wir also, wie die äußere Belastung über dem Balken verteilt ist und wo die höchste Beanspruchung auftritt. Es fehlt uns aber immer noch der Zusammenhang zwischen dem Biegemoment, das wir aus der äußeren Belastung errechnet haben, und der Spannung im Balken. Um diesen letzten Schritt auszuführen, wenden wir noch einmal das Schnittprinzip an. An der Schnittstelle haben wir als Ersatz für den weggeschnittenen Teil i.allg. eine Querkraft und ein Biegemoment anzubringen. Wenn wir, wie in Abb. 3.7 geschehen, im Bereich des maximalen Moments – zwischen den Lagern – schneiden, wo $Q = 0$ ist, so wirkt nur das Biegemoment M auf die Schnittfläche (querkraftfreie Biegung).

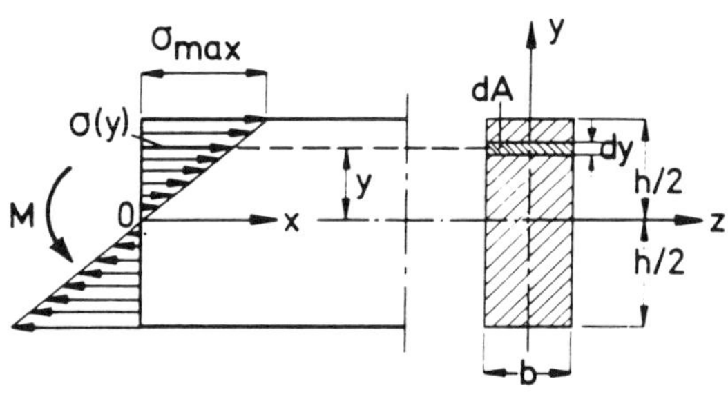

Abb. 3.7:
Bestimmung des
„inneren" Moments

Vom verbleibenden Balkenteil aus gesehen ist das eine äußere Belastung. Zugleich aber wissen wir, daß als innere Beanspruchung dort eine Spannung auftritt, die – wie anfangs gezeigt – linear über dem Querschnitt verteilt ist. Den Zusammenhang zwischen der „äußeren" und „inneren" Beanspruchung der Schnittfläche stellt schließlich wieder das Gleichgewichtsaxiom her. Es fordert nämlich nicht nur das Gleichgewicht der Kräfte, das wir zur Bestimmung der Lagerkräfte benutzt haben, sondern auch, daß die Momente gegenseitig im Gleichgewicht sind, d.h. daß die Vektorsumme der Momente verschwindet: $\sum \overline{M} = 0$. Für die drei von den Koordinatenachsen aufgespannten orthogonalen Ebenen lauten die Gleichgewichtsbedingungen dann

$$\sum M_x = 0 \quad \text{(Ebene x = const.)}$$
$$\sum M_y = 0 \quad \text{(Ebene y = const.)}$$
$$\sum M_z = 0 \quad \text{(Ebene z = const.)}$$

Aus der für die (x,y)-Ebene von Abb. 3.7 anzuwendenden Bedingung $\sum M_z = 0$ folgt somit, daß das Schnittmoment M mit der Momentenwirkung der Spannungen in der Schnittfläche $x = 0$ im Gleichgewicht stehen muß. Da das Moment M und die Spannungen die Schnittfläche gegensinnig drehen wollen, heißt das, daß das „äußere“ Moment M gleich mit dem „inneren“ Moment, das aus der Wirkung der Spannungen resultiert, sein muß. Wie groß ist dieses innere Moment?

Wie aus Abb. 3.7 ersichtlich, wirken auf die obere Querschnittshälfte Zugspannungen, auf die untere Druckspannungen. Sie suchen die Querschnittsfläche um die z-Achse zu drehen. Um diese „Drehkraft“ – das ist eben das gesuchte Moment der Spannungen – zu errechnen, bestimmen wir zunächst den Anteil dM am gesamten Moment, den die Spannung $\sigma(y)$ in einem beliebigen Abstand y von der z-Achse liefert. Moment ist gleich Kraft mal Hebelarm. Von der Spannung $\sigma(y)$ kommen wir zu einer Kraft, indem wir sie mit dem zugehörigen Flächenelement dA multiplizieren. Das Flächenelement dA muß so klein sein, daß die dort angreifenden Spannungen nahezu konstant sind. In Abb. 3.7 ist deshalb die Höhe von dA auf den infinitesimalen Betrag dy begrenzt, wogegen die Breite von dA gleich der vollen Breite b des Querschnitts sein kann, da sich die Spannung in z-Richtung nicht ändert. Der Hebelarm der Kraft $\sigma(y)dA$ ist der senkrechte Abstand von der z-Achse, also y. Somit gilt

$$dM = \sigma(y) \cdot dA \cdot y$$

Das Gesamtmoment ergibt sich dann als Summe der Anteile aller Spannungen, d.h. als Integral über die Querschnittsfläche A

$$M = \int_A \sigma(y) y dA$$

Die z-Achse, um die sich der Querschnitt dreht und von der aus der Hebelarm y gemessen wird, ist hier stillschweigend in die Mitte der Querschnittsfläche gelegt worden. Die z-Achse ist also zugleich eine Symmetrieachse des Querschnitts. Bei Flächen, die eine solche Symmetrieachse besitzen, ist dies scheinbar selbstverständlich. Wir können die Lage der z-Achse jedoch auch exakt bestimmen, was bei Querschnittsformen erforderlich ist, die keine Symmetrie zur Biegeachse z aufweisen, wie z.B. bei dem Dreiecksquerschnitt von Abb. 3.8a). Wo liegt hier die z-Achse?

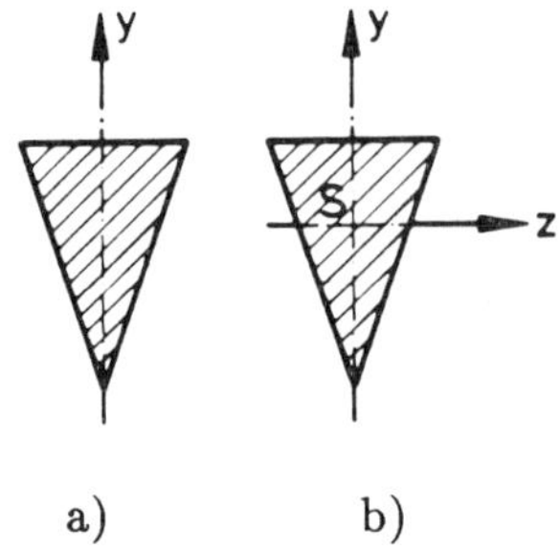

Abb. 3.8:
Lage der z-Achse (Nullinie) bei einem Dreiecksquerschnitt

Da aufgrund der Lagerart keine Kräfte in Achsrichtung des Balkens auftreten können, gilt $\sum F_x = 0$. In Spannungen ausgedrückt, lautet diese Gleichgewichtsbedingung

$$\int_A \sigma(y) dA = 0$$

Ersetzen wir hier $\sigma(y)$ durch die anfangs gefundene Beziehung $\sigma(y) = Ey/R$, so wird

$$\frac{E}{R} \cdot \int_A y dA = 0$$

oder

$$\int_A y dA = 0$$

Diese Gleichung besagt, daß die Lage der z-Achse im Querschnitt so zu wählen ist, daß die Summe aller – teils positiven, teils negativen – Produkte ydA zu Null wird. Dies ist dann der Fall, wenn die z-Achse durch den Schwerpunkt des Querschnitts geht. Die z-Achse ist also zugleich eine Schwerpunktsachse. Da auf ihr $y = 0$ ist, heißt sie auch die Nullinie des Querschnitts, die Ebene $y = 0$ wird als neutrale Faserschicht bezeichnet. Das Integral $\int y\, dA$, bei dem y in der 1. Potenz erscheint, ist nur von der Form der Querschnittsfläche abhängig. Man bezeichnet es als Flächenmoment 1. Ordnung. Bei dem Dreiecksquerschnitt muß die z-Achse – wie in Abb. 3.8b) eingezeichnet – also durch den Schwerpunkt gehen.

Zurück zu unserem Balken mit Rechteckquerschnitt. Ersetzen wir in dem Integral für das Moment wieder die Spannung durch $\sigma(y) = Ey/R$, so wird

$$M = \frac{E}{R} \cdot \int_A y^2 dA$$

Das Integral

$$\int_A y^2 dA = I_z$$

ist wiederum nur von der Form der Querschnittsfläche abhängig. Es wird, da y in der 2. Potenz auftritt und von der z-Achse aus gemessen wird, als axiales Flächenmoment 2. Ordnung oder axiales (Flächen-)Trägheitsmoment bezeichnet und mit I_z abgekürzt. Jeder Querschnitt besitzt also bezüglich seiner Biegeachse ein ganz bestimmtes Trägheitsmoment, das nicht nur von der Größe, sondern vor allem von der Form, d.h. der Verteilung der Fläche, abhängt. Das Trägheitsmoment hat die Einheit mm^4.

Für das Moment kann man somit auch schreiben

$$M = \frac{E}{R} \cdot I_z$$

Um wieder auf die Spannung zurückzukommen, benutzen wir noch einmal die eingangs abgeleitete Beziehung. Mit $E/R = \sigma/y$ wird dann

$$M = \frac{\sigma(y)}{y} I_z$$

oder nach der Spannung aufgelöst

$$\sigma(y) = \frac{M}{I_z} \cdot y$$

Damit haben wir nun den gesuchten Zusammenhang zwischen der äußeren Belastung M und der Spannung σ im Balken gefunden. Diese Beziehung ist allgemein, also für beliebige Biegemomente M und Trägheitsmomente I_z gültig. Das größte auftretende Biegemoment – in unserem Fall war dies $M = Fa$ – muß vorab bestimmt werden.

Die abgeleitete Beziehung beschreibt – wie früher – eine linear über den Querschnitt verlaufende Spannungsverteilung mit den Maximalwerten an den Rändern. Für die Festigkeitsberechnung genügt es in der Regel, die größte auftretende Spannung zu kennen. Sie errechnet sich als

$$\sigma_{max} = \sigma(y_{max}) = \frac{M}{I_z} \cdot y_{max}$$

Da y_{max} – der maximale Abstand einer Randfaser zur Nullinie – wie I_z nur von der Querschnittsform abhängt, kann man diese beiden Größen zusammenfassen zu dem axialen Widerstandsmoment (oder Widerstandsmoment gegen Biegung)

$$W_b = \frac{I_z}{y_{max}}$$

Man erhält damit den Maximalwert der Spannung, der einfach mit σ_b bezeichnet wird, zu

$$\sigma_b = \frac{M_b}{W_b}$$

wobei man, da sich alles auf den Lastfall Biegung bezieht, auch das (Biege-)Moment mit dem Index b versieht. Als Einheiten verwenden wir für M_b Nmm, für I_z mm^4, für W_b mm^3 und für σ_b N/mm^2.

Trägheits- und Widerstandsmomente sind – wie erläutert – nur von der Querschnittsform abhängig. Für geometrisch einfache Querschnittsformen lassen sie sich aus den Beziehungen $I = \int y^2 dA$ und $W_b = I/y_{max}$ geschlossen errechnen und in den jeweiligen geometrischen Bestimmungsgrößen ausdrücken.

Als Beispiel soll das Trägheits- und Widerstandsmoment eines Rechteckquerschnitts mit der Breite b und der Höhe h bezüglich der z-Achse berechnet werden (siehe Skizze).

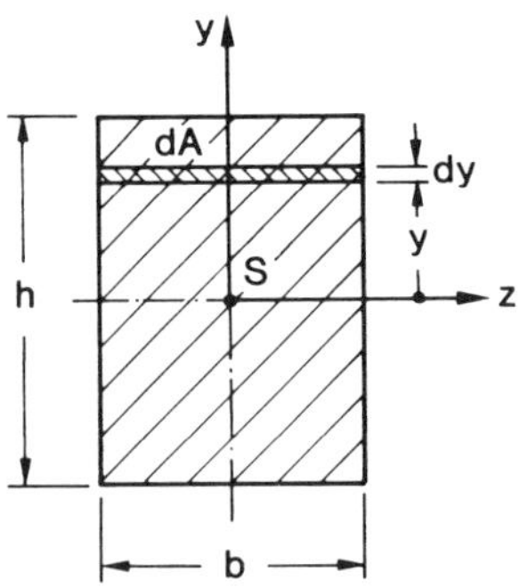

Das Trägheitsmoment beträgt

$$I_z = \int_A y^2 dA$$

Das Flächenelement dA muß so bemessen sein, daß in ihm nur infinitesimal kleine Änderungen von y auftreten. Dies ist der Fall für ein schmales Rechteck mit der Breite b und der Höhe dy. Als Flächenelement kann deshalb

$$dA = bdy$$

genommen werden. Somit ist

$$I_z = b \int_{y=-\frac{h}{2}}^{\frac{h}{2}} y^2 dy = b\left[\frac{y^3}{3}\right]_{-\frac{h}{2}}^{\frac{h}{2}} = \frac{b}{3}\left(\frac{h^3}{8}+\frac{h^3}{8}\right) = \frac{bh^3}{12}$$

Das Widerstandsmoment ergibt sich aus dem Trägheitsmoment als

$$W_{bz} = \frac{I_z}{y_{max}} \quad \text{mit} \quad y_{max} = \frac{h}{2} \quad \text{zu}$$

$$W_{bz} = \frac{bh^3 \cdot 2}{12 \cdot h} = \frac{bh^2}{6}$$

In Tab. 3.1 sind die Trägheits- und Widerstandsmomente für einige einfache Querschnitte wiedergegeben.

Rechteckquerschnitt	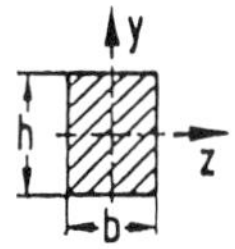	$I_z = \frac{bh^3}{12}$	$W_b = \frac{bh^2}{6}$
Kreisquerschnitt	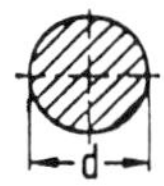	$I = \frac{\pi}{64} d^4$	$W_b = \frac{\pi}{32} d^3$
Kreisringquerschnitt	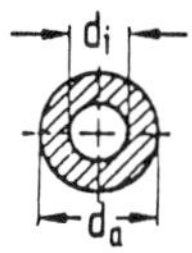	$I = \frac{\pi}{64} (d_a^4 - d_i^4)$	$W_b = \frac{\pi}{32} \left(\frac{d_a^4 - d_i^4}{d_a} \right)$

Tab. 3.1: Axiale Trägheits- und Widerstandsmomente

Wie beim Kreisringquerschnitt erkennbar, kann man bei zusammengesetzten Querschnittsformen das Trägheitsmoment additiv aus den entsprechenden Anteilen bestimmen. Dies gilt jedoch nicht für das Widerstandsmoment, das als abgeleitete Größe aus der Beziehung $W_b = I/y_{max}$ errechnet werden muß.

Für die Spannungsberechnung braucht man i.allg. nur die Widerstandsmomente, für die Berechnung von Formänderungen – z.B. der Durchbiegung eines Balkens – dagegen die Trägheitsmomente.

Damit haben wir die Spannungsermittlung für den Grundbelastungsfall Biegung erledigt. Wir kommen jetzt wieder zu der Frage: Was – d.h. welche Spannung – können wir dem Werkstoff zumuten, also zur Bestimmung der zulässigen Spannung.

3.2 Zulässige Spannung

Bei der Zugbelastung hatten wir, um Auskunft darüber zu bekommen, wie sich der Werkstoff unter Zugbeanspruchung verhält, einen Zugversuch durchgeführt, bei der Druckbelastung einen Druckversuch. Einen analogen Biegeversuch gibt es zwar, aber nicht in so allgemeiner Form, sondern nur für spröde Werkstoffe (Biegeversuch DIN 50 110 zur Prüfung von Grauguß). Er ist auch nicht unbedingt nötig, weil wir die nötigen Kenntnisse über das Werkstoffverhalten bei Biegung schon weitgehend aus dem Zug- bzw. Druckversuch ziehen können. Bei der Biegung entsteht ja, wie aus Abb. 3.9 ersichtlich, eine Zugzone und eine Druckzone, wo im Prinzip jeweils dasselbe passiert wie beim Zugversuch bzw. beim Druckversuch.

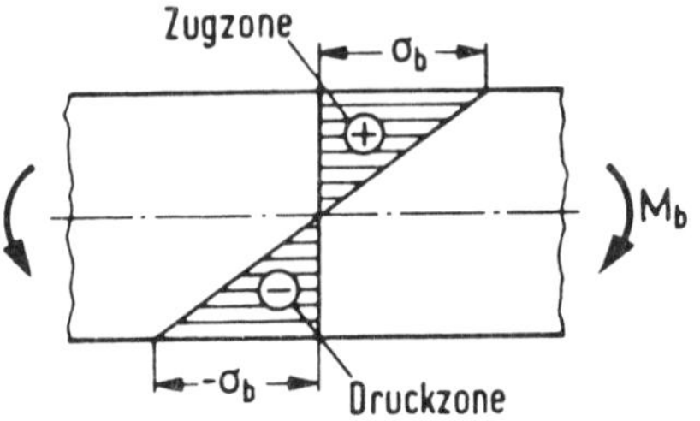

Abb. 3.9: Spannungsverteilung beim Biegeversuch

Überlegen wir: Was geschieht bei der Biegung? Ein Stab aus einem zähen Werkstoff – z.B. St 50 – wird zu fließen beginnen, sobald die maximale Spannung σ_b am Rand die Höhe der Streckgrenze bzw. der Druckfließgrenze des Werkstoffs erreicht hat. Auf der Zugseite treten dann plastische Dehnungen, auf der Druckseite plastische Stauchungen auf. Die Biegefließgrenze σ_{bF} ist also gleich der Streckgrenze R_e bzw. gleich der Druckfließgrenze $\sigma_{dF} = -R_e$. Wird der Stab weiter gebogen, so könnte man vielleicht erwarten, daß er bricht, wenn die (nominelle) Spannung $\sigma_b = M_b/W_b$ auf der Zugseite die Zugfestigkeit des Werkstoffs erreicht. Das ist jedoch nicht der Fall. Zähe Werkstoffe brechen unter einer einmaligen Biegebeanspruchung meist überhaupt nicht, spröde Werkstoffe brechen zwar, aber in der Regel bei weit höheren Spannungen als der Zugfestigkeit. Man hat daher (nur) für spröde Werkstoffe die Biegefestigkeit eingeführt. Sie wird – analog zum Zugversuch – aus der höchsten ertragbaren Belastung bestimmt als $\sigma_{bB} = M_{b\,max}/W_b$. Abb. 3.10 zeigt je eine Probe aus einem zähen und einem spröden Werkstoff nach dem Biegeversuch.

Abb. 3.10: Biegeproben aus zähem und spröden Werkstoff nach dem Versuch

An neuen Werkstoffkennwerten haben wir also die Biegefließgrenze σ_{bF} und die Biegefestigkeit σ_{bB}. Für Stähle ist $\sigma_{bF} = R_e$. In Blatt A2 des Anhangs ist die Biegefestigkeit für eine Reihe von Graugußsorten angegeben.

Versagensart ist bei zähen Werkstoffen also das Fließen – ein Bruch tritt hier i.allg. nicht ein –, bei spröden Werkstoffen der Bruch. Die zulässige Spannung für unsere beiden Werkstoffe beträgt dann mit $\sigma_{bB} = 460$ N/mm² für GG-30 und den gewählten Sicherheitsbeiwerten $S_F = 1{,}5$ und $S_B = 4$

$$\text{für St 50:} \quad \sigma_{zul} = \frac{\sigma_{bF}}{S_F} = \frac{R_e}{S_F} = \frac{300}{1{,}5} = 200 \text{ N/mm}^2$$

$$\text{für GG-30:} \quad \sigma_{zul} = \frac{\sigma_{bB}}{S_B} = \frac{460}{4} = 115 \text{ N/mm}^2$$

Damit können wir für den Grundbelastungsfall Biegung die wirkende Spannung σ_b und die zulässige Spannung σ_{zul} bestimmen und somit eine Festigkeitsberechnung ausführen. Dazu wieder ein Beispiel.

3.3 Beispiel: Träger

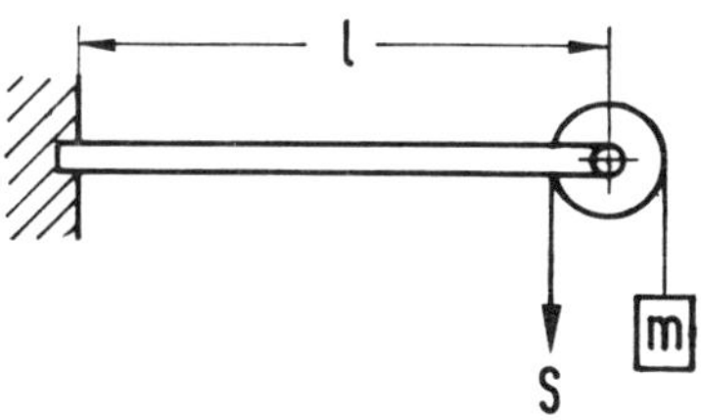

a) Über eine Seilrolle, die an einem Träger von $l = 1$ m Länge aus dem Werkstoff St 50 befestigt ist, soll die Masse $m = 1000$ kg gehalten werden. Wie groß ist das hierfür erforderliche Widerstandsmoment des Trägers? Was für ein Querschnittsprofil wählt man zweckmäßigerweise?

b) Welche Masse könnte man mit einer Stange aus Grauguß GG-30 von 1 m Länge und 50 mm Durchmesser mit Sicherheit aufnehmen?

a) Gegeben: $m = 1\,000$ kg (Gewichtskraft $P = m \cdot g = 9\,810$ N)
$l = 1\,000$ mm
Werkstoff St 50

Gesucht: $W_{b\,erf.} = ?$

Was ist die äußere Belastung des Trägers? Er wird über die Achse der Seilrolle belastet. Im Ruhezustand muß die Seilkraft S gleich der Gewichtskraft P sein:

$$S = P = 9\,810 \text{ N}$$

(Im Betrieb ist S größer als P wegen Reibung und Beschleunigung von m). Auf die Rolle wirkt also die Kraft

$$F = 2\,S$$

Die Kraft F beansprucht den Träger auf Biegung. Wie groß ist das maximale Biegemoment und wo tritt es auf? Wir führen eine x-Koordinate ein und schneiden an der beliebigen Stelle x. Dann ist

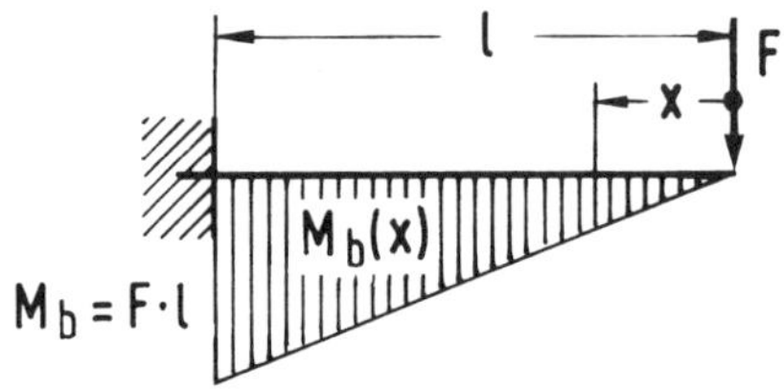

$$M_b(x) = F \cdot x$$
$$M_{bmax} = F \cdot l$$

Damit kennen wir den Momentenverlauf und das maximale Biegemoment. Die weitere Festigkeitsberechnung läuft nach dem gleichen Schema ab wie bei der Zug- bzw. Druckbelastung (die Beanspruchung durch die Querkraft wird dabei vernachlässigt).

$$\left.\begin{array}{lcl} M_{b(max)} & = & F \cdot l = 2Pl \\ W_b & = & ? \end{array}\right\} \sigma_b = \frac{M_b}{W_b} = \frac{2Pl}{W_b}$$

$$\left.\begin{array}{lcl} \sigma_{bF} & = & R_e = 300\,\mathrm{N/mm^2} \\ S_F & = & 1{,}5 \end{array}\right\} \sigma_{zul} = \frac{R_e}{S_F} = \frac{300}{1{,}5} = 200\,\mathrm{N/mm^2}$$

$$\text{Festigkeitsbedingung:} \quad \sigma_b \leq \sigma_{zul} \longrightarrow \frac{2Pl}{W_b} = \sigma_{zul}$$

$$W_b = \frac{2Pl}{\sigma_{zul}} = \frac{2 \cdot 9\,810 \cdot 1000}{200} = 98\,100\,\mathrm{mm^3}$$

Wir benötigen also einen Querschnitt mit einem Widerstandsmoment von 98 100 mm^3. Gleichzeitig soll aber das Gewicht – und damit der Preis – des Trägers möglichst gering sein. Da das Gewicht proportional zur Querschnittsfläche ist, müssen wir nach einem Profil suchen, das bei ausreichendem Widerstandsmoment eine möglichst geringe Fläche hat, oder umgekehrt gesagt, das bei einer bestimmten Fläche ein möglichst großes Widerstandsmoment besitzt. Diese Forderung läßt sich dadurch erfüllen, daß man einen möglichst großen Teil der Fläche in möglichst weitem Abstand von der Biegeachse anordnet. Das führt auf die handelsüblichen U-, L-, Z-, T- und I-Profile. Diese Profile sind größtenteils genormt, so daß man Querschittsfläche, Gewicht und Trägheits- bzw. Biegemoment aus Tabellen entnehmen kann.

b) Gegeben: $l = 1000\,mm$
$d = 50\,mm$
Werkstoff GG-30

Gesucht: $m_{(zul)} = ?$

$$\left.\begin{aligned} M_b &= F \cdot l = 2Pl \\ W_b &= \frac{\pi}{32} d^3 = 12\,272\,\text{mm}^3 \end{aligned}\right\} \sigma_b = \frac{M_b}{W_b} = \frac{2Pl}{W_b}$$

$$\left.\begin{aligned} \sigma_{bB} &= 460\,\text{N/mm}^2 \\ S_B &= 4 \end{aligned}\right\} \sigma_{zul} = \frac{\sigma_{bB}}{S_B} = \frac{460}{4} = 115\,\text{N/mm}^2$$

Festigkeitsbedingung: $\sigma \leq \sigma_{zul} \longrightarrow \frac{2Pl}{W_b} = \sigma_{zul}$

$$P = \frac{W_b \cdot \sigma_{zul}}{2l} = \frac{12\,272 \cdot 115}{2 \cdot 1000} = 706\,\text{N}$$

$$m_{zul} = P/g = 70{,}6\,\text{kg}$$

4 Schub

4.1 Prismatischer Körper unter Schubbeanspruchung

Im letzten Abschnitt hatten wir als Beispiel den in Abb. 4.1 dargestellten einseitig eingespannten Balken unter einer Einzelkraft am Balkenende berechnet. Das maximale Biegemoment an der Einspannstelle betrug hierbei $M_{b\,max} = Fl$. Für einen Rechteckquerschnitt der Breite b und der Höhe h ist dann die zugehörige maximale Spannung $\sigma_b = M_{b\,max}/W_b = 6Fl/bh^2$.

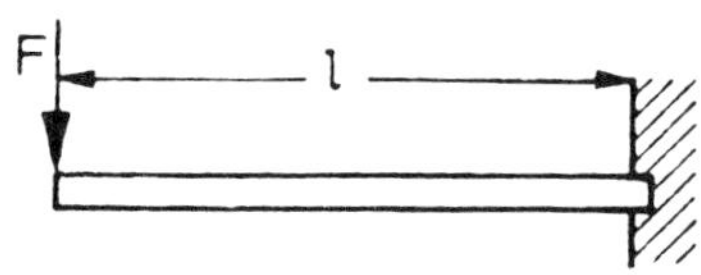

Abb. 4.1: Einseitig eingespannter Balken unter Einzelkraft

Wenn wir nun bei gleichbleibender Belastung F die Länge l immer mehr reduzieren, so werden M_b und σ_b immer kleiner, die Biegebeanspruchung nimmt also immer mehr ab, wie das folgende Zahlenbeispiel zeigt:

$$\left.\begin{array}{rcl} F &=& 10\,000\,\mathrm{N} \\ b &=& 60\,\mathrm{mm} \\ h &=& 100\,\mathrm{mm} \end{array}\right\} \begin{array}{rcllrcl} l &=& 1\,000\,\mathrm{mm} & \longrightarrow & \sigma_b &=& 100\,\mathrm{N/mm^2} \\ l &=& 10\,\mathrm{mm} & \longrightarrow & \sigma_b &=& 1\,\mathrm{N/mm^2} \end{array}$$

Die Kraft muß aber trotzdem in voller Höhe aufgenommen werden. Dies geschieht dadurch, daß jetzt anstelle der Biegung eine andere Beanspruchungsart vorherrschend wird, nämlich die Schub- oder Scherbeanspruchung. Sie ist eine Folge der Querkraft, die man bei "normalen" – d.h. langgestreckten – Balken gegenüber der Beanspruchung durch das Biegemoment vernachlässigen kann, jedoch nicht mehr bei sehr "kurzen" Balken.

Betrachten wir einen solchen Balkenstummel, wie in Abb. 4.2 wiedergegeben. Die Lagerkraft L muß aus Gleichgewichtsgründen gleich F sein. Die Länge sei so klein, daß wir die Beanspruchung durch das Biegemoment M_b vernachlässigen können. Um die jetzt vorherrschende Beanspruchung zu untersuchen, denken wir uns durch

Schnitte parallel zu den Balkenoberflächen ein kleines würfelförmiges Volumelement mit der Kantenlänge c herausgeschnitten. Es ist in Abb. 4.2 unten nochmals vergrößert und perspektivisch gesehen dargestellt. Auf die den beiden äußeren Kräften F und L zugewandten Seiten wirken als Schnittkräfte die von F und L herrührenden Kraftelemente f_1.

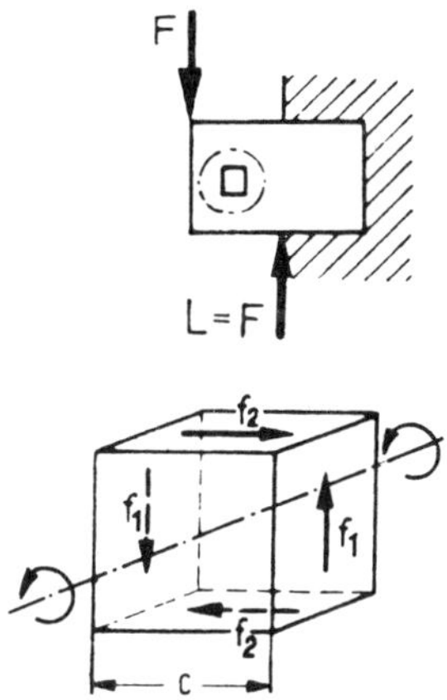

Abb. 4.2: "Kurzer Balken" mit Würfelelement

Das kann aber nicht alles sein, weil damit zwar die Gleichgewichtsbedingung der Kräfte $\sum F = 0$ erfüllt ist, nicht jedoch die Bedingung für das Momentengleichgewicht $\sum M = 0$. Das Element würde ja unter der Wirkung des Kräftepaares f_1 um die eingezeichnete Achse gedreht werden. Da dies in Wirklichkeit aber nicht der Fall ist, müssen in der gleichen Wirkungsebene, also an den oberen und unteren Schnittflächen, Kraftelemente f_2 vom gleichen Betrag $f_2 = f_1 = f$ wirken, die so gerichtet sind, daß auch das Momentengleichgewicht hergestellt ist. Diese inneren Kräfte f sind nicht – wie bei Zug, Druck und Biegung – senkrecht zur Schnittfläche gerichtet, sondern greifen in der Schnittebene selbst (tangential) an. Sie versuchen dadurch ihre Angriffsfläche zu verschieben, üben also eine Schubbeanspruchung aus. Um ein geeignetes Maß für diese innere Schubbeanspruchung zu bekommen, bezieht man wieder die Kraft auf die Fläche und definiert so eine neue Art von Spannung, die Schubspannung τ . Für das Würfelelement mit den Flächen $a = c^2$ ist dann $\tau = f/a$ oder verallgemeinert auf den ganzen Balkenquerschnitt A

$$\tau = F/A$$

Im Gegensatz dazu bezeichnet man die früher – bei Zug, Druck und Biegung – verwendete Spannung σ, die senkrecht oder normal zur Schnittfläche wirkt, als

Normalspannung. Wir unterscheiden künftig also Normal- und Schubspannungen, deren Bedeutung nachfolgend noch einmal symbolisch dargestellt ist:

Normalspannung 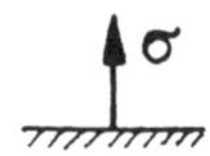

z.B. $\sigma = F/A$ (Zug)

Schubspannung 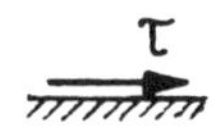

z.B. $\tau = F/A$ (Schub)

Die Schubspannungen in einem Balken sind nicht – wie die Normalspannungen in einem Zugstab – gleichmäßig über den ganzen Querschnitt verteilt. Sie verschwinden vielmehr an den Rändern, da senkrecht zu einer lastfreien Oberfläche keine Spannungen auftreten können, und haben ihr Maximum im Innern. Die Formel $\tau = F/A$ gibt deshalb nur einen Mittelwert, die mittlere Schubspannung τ_m an.

Betrachten wir noch einmal ein Werkstoffelement aus unserem Balkenstummel, das jetzt aber nicht mehr ein Würfel, sondern – als allgemeinerer Fall – ein kleiner Quader mit den Seitenlängen dx, dy und dz sein soll. Aus den früheren Kraftelementen f_1 und f_2 ergeben sich die Schubspannungen $\tau_1 = f_1/dydz$ und $\tau_2 = f_2/dxdz$, wie in Abb. 4.3 wiedergegeben.

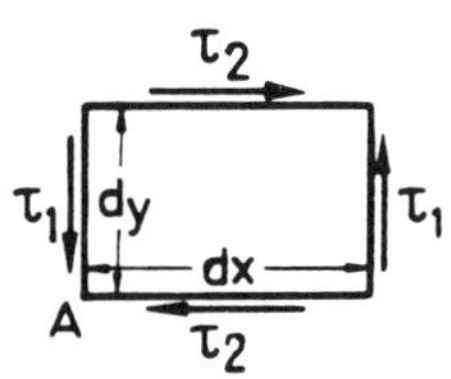

Abb. 4.3: Schubspannungen am Element

Die Bedingung $\sum M = 0$ für das Momentengleichgewicht führt mit dem Bezugspunkt A auf die Gleichung

$$\underbrace{\tau_1 \cdot dydz}_{f_1} \cdot dx - \underbrace{\tau_2 \cdot dxdz}_{f_2} \cdot dy = 0$$

woraus $\tau_1 = \tau_2$ folgt. Man nennt ein Paar solcher Schubspannungen, die in zueinander senkrechten Schnittflächen liegen und auf der Schnittkante senkrecht stehen ($\tau_1 \perp \tau_2$), zugeordnete Schubspannungen. Zugeordnete Schubspannungen sind gleich groß und sind entweder auf die gemeinsame Schnittkante zu oder von ihr weg gerichtet.

Damit haben wir die Spannungsermittlung erledigt. Ehe wir uns der zulässigen Spannung zuwenden, wollen wir aber noch die Verformung unter Schubbeanspruchung betrachten.

Der Balken wird sich unter der Kraft F etwa so verformen, wie in Abb. 4.4 gezeichnet. Das Würfelelement nimmt dabei eine rautenförmige Gestalt an. Zeichnet man es vergrößert heraus, so erkennt man, daß die durch die Schubspannungen hervorgerufene Verformung in einer Verzerrung der Gestalt durch Winkeländerungen besteht. Aus dem ursprünglich rechten Winkel AOB der Würfelkanten bei O – wo man sich den Würfel festgehalten denken kann – ist unter der Wirkung der Schubspannungen der Winkel $A'OB'$ geworden. Er hat sich also um den Winkel $2{\cdot}\gamma/2 = \gamma$ – infolge der zur Diagonalen symmetrischen Belastung und Verformung – verkleinert. Diese von τ erzeugte Winkeländerung γ heißt Schiebung.

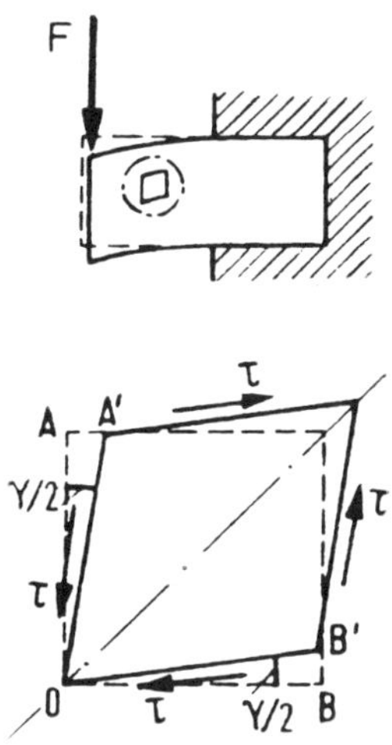

Abb. 4.4: Verformung unter Schubbeanspruchung

Wie hängen nun Schubspannung τ und Schiebung γ zusammen? Wie experimentell festgestellt, besteht zwischen Schubspannung und Schiebung im elastischen Bereich des Werkstoffs ein analoger Zusammenhang wie zwischen Normalspannung und Dehnung, das Verhältnis τ/γ ist nämlich konstant.

$$\frac{\tau}{\gamma} = \text{const.} = G$$

Der Proportionalitätsfaktor G heißt Schubmodul oder Gleitmodul. Seine Einheit ist N/mm². Nach τ aufgelöst, erhält man als Elastizitätsgesetz für Schubbeanspruchung die Beziehung

$$\tau = G \cdot \gamma$$

Der Schubmodul G ist wie der Elastizitätsmodul E und die Querdehnungszahl μ eine elastische Werkstoffkonstante. Von diesen drei Größen sind nur zwei voneinander unabhängig, da zwischen ihnen die Beziehung

$$G = \frac{E}{2(1+\mu)}$$

besteht. Für Stahl ($E = 210\,000\,\text{N/mm}^2, \mu = 0{,}3$) ergibt sich somit ein Schubmodul von $G = 80\,800\,\text{N/mm}^2$, für Grauguß ($E = 100\,000\,\text{N/mm}^2, \mu = 0{,}25$) erhält man $G = 40\,000\,\text{N/mm}^2$.

Vergleicht man die Wirkung von Normal- und Schubspannungen miteinander, so kann man sagen: Normalspannungen erzeugen Dehnungen (= relative Längenänderungen) nach Maßgabe des Hookeschen Gesetzes $\sigma = E \cdot \varepsilon$, Schubspannungen erzeugen Schiebungen (= Winkeländerungen) nach Maßgabe des Elastizitätsgesetzes für Schub $\tau = G \cdot \gamma$.

4.2 Zulässige Spannung

Wenden wir uns nun wieder der Bestimmung der zulässigen Spannung zu. Das Werkstoffverhalten unter Schubbeanspruchung wird in der Materialprüfung mit dem Scherversuch nach DIN 50 141 untersucht. Dabei wird eine kreiszylindrische Probe in einer Prüfvorrichtung, dem Schergerät – das im Prinzip der Laschenverbindung von Abschnitt 4.3 entspricht –, zweischnittig abgeschert. Mit dem Scherversuch bestimmt man als Werkstoffkennwert die

$$\text{(Ab-)Scherfestigkeit } \tau_{aB} = F_{max}/A_0$$

(Index a = Abscheren). Eine Schub- oder Scherfließgrenze wird nicht ermittelt, da nur gegen Bruch gerechnet wird.

Wenn die Scherfestigkeit nicht bekannt ist, kann man sie für Stahl näherungsweise aus der Zugfestigkeit errechnen nach der empirischen Beziehung

$$\tau_{aB}/R_m = 0,65 - 0,75$$

Als Versagensmöglichkeit wird nur der Bruch in Betracht gezogen. (Das Versagen durch Fließen wird gegebenenfalls über eine zulässige Flächenpressung abgesichert.) Die zulässige Schubspannung ergibt sich dann mit $S_B = 2$ für St 50 zu

$$\tau_{zul} = \frac{\tau_{aB}}{S_B} \approx \frac{0,7 \cdot R_m}{S_B} = \frac{0,7 \cdot 500}{2} = 175\,\mathrm{N/mm^2}$$

Für Grauguß ist i.allg. weder die Scherfestigkeit τ_{aB} bekannt noch stehen entsprechende Umrechnungswerte zur Verfügung, so daß keine zulässige Spannung angegeben werden kann.

4.3 Beispiel: Bolzen

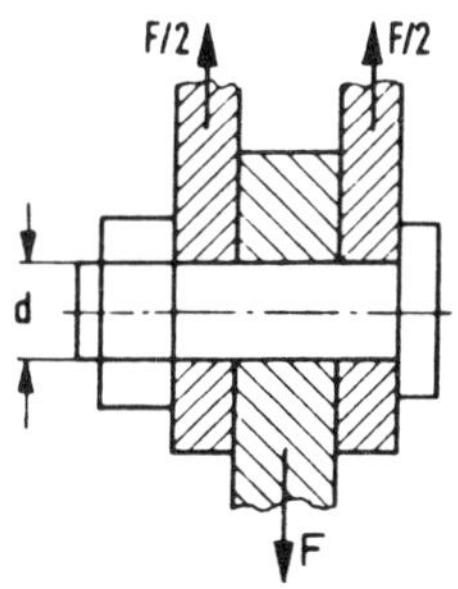

Über eine Laschenverbindung (s. Skizze) soll eine Kraft von $F = 10\,000\,\mathrm{N}$ übertragen werden. Wie groß muß der Durchmesser d des Schraubenbolzens aus dem Werkstoff St 50 im Hinblick auf die Scherbeanspruchung mindestens sein?

Die Kraftübertragung ist auf zweierlei Art möglich:

a) Zieht man die Mutter so stark an, daß die Laschen mit ausreichender Kraft gegeneinander gepreßt werden, so kann die Kraft F allein durch Reibung zwischen der inneren und den äußeren Laschen übertragen werden ("Kraftschluß"). Der Bolzen ist dabei auf Zug beansprucht.

b) Zieht man die Mutter nur so stark an, daß sich die Laschen gerade berühren, so wird die Kraft F durch Druckkräfte in den Berührungsflächen zwischen Laschen und Bolzen übertragen ("Formschluß"). Der Bolzen ist dabei auf (Lochleibungs-)Pressung, Schub (oder Scherung) und Biegung beansprucht.

Im folgenden soll nur die Scherbeanspruchung aus Fall b) untersucht werden.

Gegeben: $F = 10\,000\,\mathrm{N}$
Werkstoff St 50

Gesucht: $d = ?$

$$\left.\begin{aligned} F &= 10\,000\,\mathrm{N} \\ A &= 2 \cdot \frac{\pi}{4} d^2 \end{aligned}\right\} \tau = \frac{F}{A} = \frac{2F}{\pi d^2}$$

$$\left.\begin{aligned} \tau_{aB} &\approx 0{,}7\, R_m = 350\,\mathrm{N/mm^2} \\ S_B &= 2 \quad \text{gewählt} \end{aligned}\right\} \tau_{zul} = 175\,\mathrm{N/mm^2}$$

Festigkeitsbedingung:

$$\tau \leq \tau_{zul} \longrightarrow \frac{2F}{\pi d^2} = \tau_{zul}$$

$$d = \sqrt{\frac{2F}{\pi\, \tau_{zul}}} = \sqrt{\frac{2 \cdot 10\,000}{\pi \cdot 175}} = 6{,}03\,\mathrm{mm}$$

5 Torsion (Verdrehung)

5.1 Gerader kreiszylindrischer Stab unter Torsionsbeanspruchung

Wir beschränken uns auf die Berechnung von kreiszylindrischen Stäben, also solchen mit Kreis- oder Kreisringquerschnitt. Unter den Konstruktionselementen sind dies vor allem Drehteile, z.B. Wellen und Achsen.

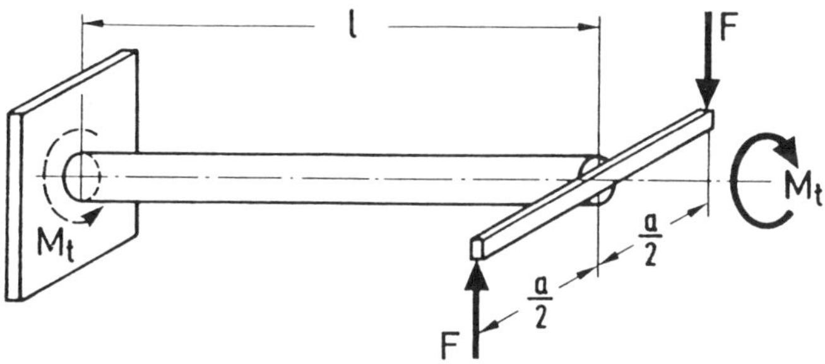

Abb. 5.1:
Stab unter Torsionsbeanspruchung

Zunächst zur Spannungsermittlung: Wir wollen den in Abb. 5.1 dargestellten Rundstab untersuchen. Er ist auf der einen Seite fest eingespannt. Am anderen, freien Ende wirkt über einen Querbalken ein Kräftepaar FF, das aber nicht – wie bei der Biegung – in der gleichen Ebene liegt wie die Stabachse, sondern außerhalb von ihr. Die Kräfte F greifen über die Hebelarme $a/2$ (= lotrechter Abstand von der Stabachse) an dem Stab an und versuchen ihn zu verdrehen. Man sagt, das Kräftepaar FF übt ein Dreh- oder Torsionsmoment auf den Stab aus. Dieses Torsionsmoment ergibt sich – analog zum Biegemoment – als Produkt aus Kraft und Hebelarm. In Abb. 5.1 wirkt somit das Torsionsmoment

$$M_t = 2 \cdot F \cdot \frac{a}{2} = F \cdot a$$

auf den Stab (Index t = Torsion). Dieses Moment ist, wie eine Schnittbetrachtung für eine beliebige Stelle zeigt, über die Stablänge konstant. Jeder Querschnitt ist also gleich beansprucht.

Als Symbol für die Beanspruchung durch ein Torsionsmoment verwendet man entweder einen um die Stabachse drehenden Pfeil wie in Abb. 5.1 oder einen in der Stabachse liegenden Doppelpfeil. Anstelle der festen Einspannung kann man sich – aus Gleichgewichtsgründen – auch ein gegenläufig drehendes Torsionsmoment gleicher Größe denken.

Das Torsionsmoment, das auf den Stab wirkt, sucht benachbarte Querschnittsebenen gegeneinander zu verdrehen oder, anders gesagt, um einen kleinen Zentriwinkel gegeneinander zu verschieben. Dadurch entsteht in den Querschnitten eine Schubbeanspruchung mit entsprechenden Schubspannungen. Um diese Schubspannungen zu bestimmen, untersuchen wir zunächst die Verformung des Stabes.

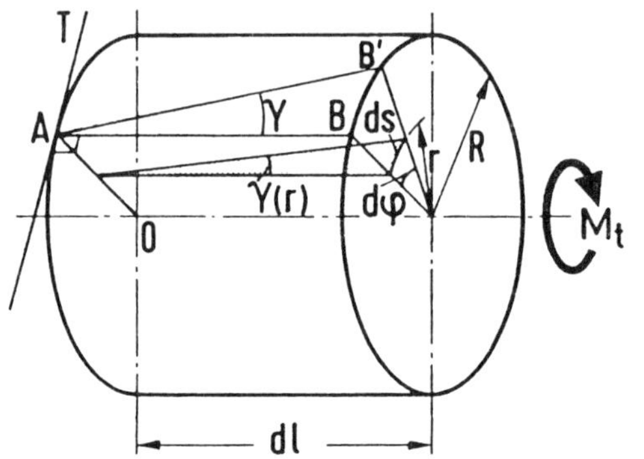

Abb. 5.2 Verformung eines Stabelements

Dazu betrachten wir das in Abb. 5.2 dargestellte Stabelement mit der Länge dl und dem Radius R. Unter der Belastung durch das Torsionsmoment M_t wird der rechte Endquerschnitt gegen den linken um den Winkel $d\varphi$ verdreht. Die Mantellinie AB geht dabei in die (Schrauben-)Linie AB' über. Dadurch ändert sich der ursprünglich rechte Winkel zwischen der Mantellinie AB und der Tangente T in A um den Winkel γ, den wir im vorigen Abschnitt als Schiebung definiert hatten. Auf Grund der geometrischen Verhältnisse gelten für das durch einen beliebigen Radius r festgelegte Bogenelement ds die Beziehungen

$$ds = r \cdot d\varphi$$

und

$$ds \approx dl \cdot tan\, \gamma(r) \approx dl \cdot \gamma(r)$$

Durch Gleichsetzen folgt daraus

$$r\, d\varphi = \gamma(r)\, dl$$

Wir integrieren über die ganze Stablänge und erhalten

$$r \int_0^{\varphi} d\varphi = \gamma(r) \cdot \int_0^{l} dl$$

$$r \cdot \varphi = \gamma(r) \cdot l$$

Damit ergibt sich die Schiebung als

$$\gamma(r) = \frac{\varphi}{l} \cdot r$$

Die Schiebung γ ist also proportional zum Radius, was auch unmittelbar aus Abb. 5.2 abzulesen ist.

Aus den Schiebungen können wir mit Hilfe des Elastizitätsgesetzes für Schub vom letzten Abschnitt nun auch die Schubspannungen bestimmen. Es gilt:

$$\tau(r) = G\,\gamma(r) = \frac{G\,\varphi}{l} \cdot r$$

Die Schubspannungen sind also wie die Schiebungen proportional zu r und somit linear über dem Querschnitt verteilt. Die maximale Schubspannung ergibt sich für $r = R$ auf der Mantelfläche (Außenoberfläche) zu

$$\tau_{max} = G\,\gamma(R) = \frac{G\,\varphi}{l} \cdot R$$

Die Verteilung der Schubspannungen über dem Radius r ist in Abb. 5.3 gezeigt. Für einen festen Wert r verlaufen sie tangential zu dem Kreis mit dem Radius r.

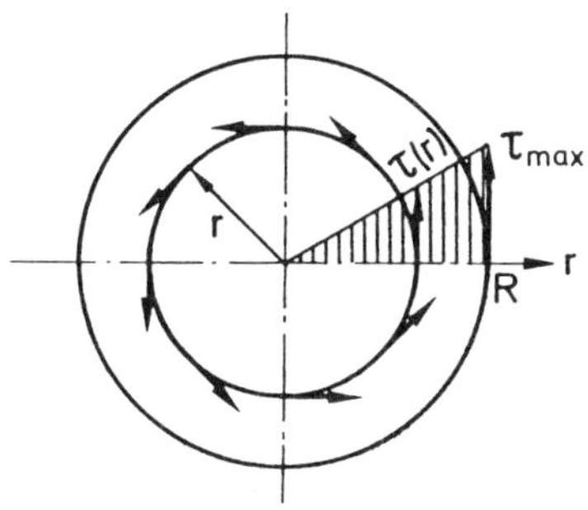

Abb. 5.3: Spannungsverteilung in einem kreiszylindrischen Stab unter Torsion

Neben diesen Schubspannungen, die in den Querschnittsebenen wirken, müssen aber noch andere, "zugeordnete" Schubspannungen von gleicher Größe vorhanden sein. Wo liegen diese?

Die einander zugeordneten Schubspannungspaare wirken in den Richtungen der beiden Schenkel des rechten Winkels, der sich um die Schiebung γ geändert hat. Der rechte Winkel lag in Abb. 5.2 zwischen der Mantellinie AB und der Tangente T. Die Schubspannungen müssen somit in tangentialer und axialer Richtung wirken. Den in den Querschnitten in Umfangsrichtung auftretenden Schubspannungen sind also Schubspannungen zugeordnet, die in Längsschnitten in axialer Richtung wirken. Dies ist in Abb. 5.4 an einem "aufgeschnittenen" Stab veranschaulicht.

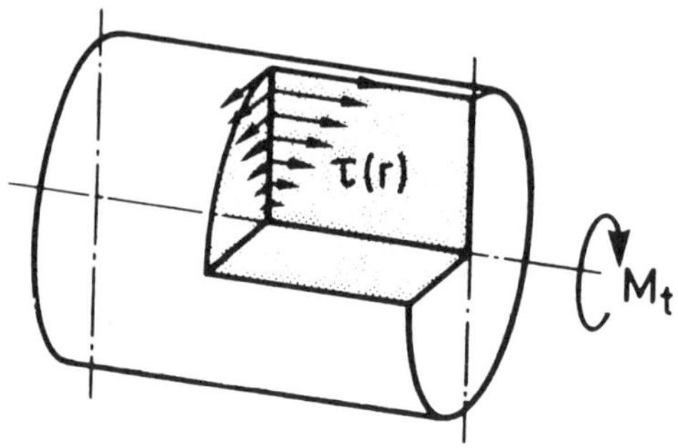

Abb. 5.4:
Zugeordnete Schubspannungen in einem Stab unter Torsion

Wir haben somit die Schubspannungsverteilung in Abhängigkeit von der Verformungsgröße φ gefunden. Jetzt müssen wir wieder den Zusammenhang herstellen zwischen äußerer und innerer Beanspruchung, also zwischen dem Torsionsmoment und den Schubspannungen. Dazu gehen wir genau so vor wie bei der Biegung, d.h. wir errechnen aus der Momentenwirkung der Schubspannungen das "innere" Torsionsmoment.

Betrachten wir dazu den in Abb. 5.5 dargestellten Stabquerschnitt. Der Anteil dM am Gesamtmoment, den die Schubspannung $\tau(r)$ an einem beliebigen Radius $r < R$ liefert, beträgt $\tau(r)\,dA \cdot r$, wobei $\tau(r)\,dA$ das von $\tau(r)$ herrührende Kraftelement und r der Hebelarm ist.

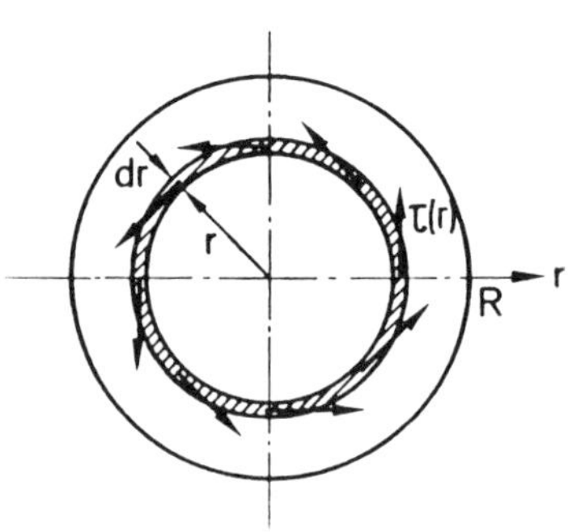

Abb. 5.5:
Spannungen an einem Ringflächenelement bei Torsion

Das gesamte Moment ergibt sich dann als Integral über die Querschnittsfläche A zu

$$M = \int_A \tau(r)\, dA \cdot r$$

Mit

$$\tau(r) = \frac{G\,\varphi}{l} r$$

wird daraus

$$M = \frac{G\,\varphi}{l} \int_A r^2 dA$$

Das von den Querschnittsabmessungen abhängige Integral wird als polares Trägheitsmoment bezeichnet und mit I_p abgekürzt

$$\int_A r^2 dA = I_p$$

Damit ist

$$M = \frac{G\,\varphi\, I_p}{l}$$

Mit $G\,\varphi/l = \tau/r$ wird daraus

$$M = \frac{\tau\, I_p}{r}$$

oder

$$\tau(r) = \frac{M}{I_p} \cdot r$$

Damit haben wir den Zusammenhang zwischen der äußeren Belastung M und den Schubspannungen in Stäben mit kreiszylindrischem Querschnitt gefunden. Der Maximalwert der linearen Spannungsverteilung ergibt sich für $r = r_{max}$ an der Oberfläche des Stabes zu

$$\tau_{max} = \tau(r_{max}) = \frac{M}{I_p} \cdot r_{max}$$

Wenn man nur τ_{max} berechnen will, kann man das polare Trägheitsmoment I_p und den maximalen Randabstand r_{max}, die beide nur vom Querschnitt abhängen, zusammenfassen zu dem polaren Widerstandsmoment (oder Widerstandsmoment gegen Torsion)

$$W_t = \frac{I_p}{r_{max}}$$

Damit ergibt sich die maximale Schubspannung, die mit τ_t bezeichnet wird, einfach zu

$$\tau_t = \frac{M_t}{W_t}$$

wobei auch das (Torsions-)Moment den Index t erhält, da sich alle Größen auf den Lastfall Torsion beziehen. Als Einheiten verwenden wir für M_t Nmm, für I_p mm^4, für W_t mm^3 und für τ_t N/mm^2.

Schließlich kann man auch den Verdrehwinkel φ aus dem Torsionsmoment errechnen. Aus der früher abgeleiteten Beziehung $M_t = G\,\varphi\,I_p/l$ ist

$$\varphi = \frac{M_t\,l}{G\,I_p}$$

Die polaren Trägheits- und Widerstandsmomente kreisförmiger Querschnitte lassen sich aus den Beziehungen $I_p = \int r^2 dA$ und $W_t = I_p/r_{max}$ leicht errechnen. Als Beispiel sollen diese Größen für einen Kreisquerschnitt mit dem Durchmesser d bestimmt werden (s. Skizze).

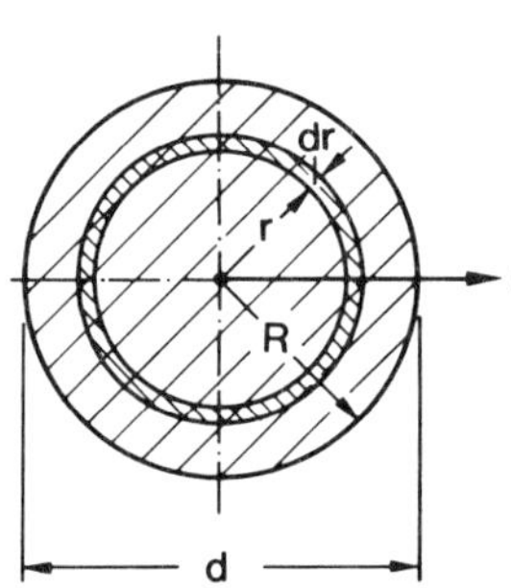

Das polare Trägheitsmoment beträgt

$$I_p = \int_A r^2 dA$$

Das Flächenelement dA muß so begrenzt sein, daß in ihm nur infinitesimal kleine Änderungen von r auftreten. Dies ist der Fall für einen schmalen Kreisring mit dem (mittleren) Radius r bzw. dem Umfang $2\pi r$ und der Breite dr. Als Flächenelement kann deshalb

$$dA = 2\pi r dr$$

genommen werden. Somit ist

$$I_p = \int_{r=0}^{R} r^2 2\pi r\,dr = 2\pi \int_0^R r^3\,dr = 2\pi \left[\frac{r^4}{4}\right]_0^R = \frac{\pi}{2}R^4 = \frac{\pi}{32}d^4$$

Das Widerstandsmoment ergibt sich aus dem Trägheitsmoment als

$$W_t = \frac{I_p}{r_{max}} \quad \text{mit} \quad r_{max} = \frac{d}{2} \quad \text{zu}$$

$$W_t = \frac{\pi d^4 \cdot 2}{32 \cdot d} = \frac{\pi}{16} d^3$$

In Tab. 5.1 sind die Trägheits- und Widerstandsmomente für den Kreis- und Kreisringquerschnitt zusammengestellt.

Kreisquerschnitt	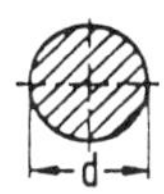	$I_p = \frac{\pi}{32} d^4$	$W_t = \frac{\pi}{16} d^3$
Kreisringquerschnitt	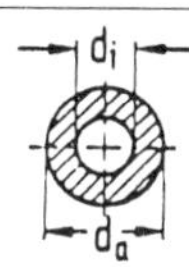	$I_p = \frac{\pi}{32} (d_a^4 - d_i^4)$	$W_t = \frac{\pi}{16} \left(\frac{d_a^4 - d_i^4}{d_a} \right)$

Tab. 5.1: Polare Trägheits- und Widerstandsmomente

Die Widerstandsmomente benötigt man zur Berechnung der maximalen Schubspannung, die Trägheitsmomente zur Berechnung des Verdrehwinkels.

Die abgeleiteten Formeln gelten nur für kreiszylindrische Stäbe, also solche mit Vollkreis- oder Kreisringquerschnitt. Für andere Querschnittsformen ist die Spannungsberechnung i.allg. sehr viel schwieriger. Darauf soll hier nicht eingegangen werden.

Damit ist die Spannungsermittlung erledigt, wir kommen jetzt wieder zur zulässigen Spannung.

5.2 Zulässige Spannung

Das Materialverhalten unter Torsionsbeanspruchung wird in der Werkstoffprüfung im Verdrehversuch (DIN 1602) an kreiszylindrischen Stäben untersucht. Aus dem Moment M_{tF} bei Fließbeginn bzw. dem höchsten bis zum Bruch ertragbaren Moment $M_{t\,max}$ bestimmt man die

Torsionsfließgrenze τ_{tF} $(= M_{tF}/W_t)$ und die
Torsionsfestigkeit τ_{tB} $(= M_{t\,max}/W_t)$

Sind diese Kennwerte nicht bekannt, so kann man sie mit den folgenden Umrechnungsformeln angenähert bestimmen. Für Stahl ist $\tau_{tF} \approx (1/\sqrt{3})R_e = 0,58\,R_e$, für Stahl und Grauguß gilt $\tau_{tB} \approx R_m$.

Abb. 5.6 zeigt eine unter Torsionsbelastung gebrochene Schraubenfeder. Man erkennt deutlich, daß die stufenartig abgesetzte Bruchfläche zum Teil in Querschnittsebenen und zum Teil in einer Längsschnittebene des Rundstabes verläuft. Dies ist auf die Wirkung der zugeordneten Schubspannungen zurückzuführen, die gemäß Abb. 5.4 in diesen Schnittebenen auftreten.

Abb. 5.6: Bruchfläche einer Schraubenfeder

Als Versagensart kommen bei zähen Werkstoffen das Fließen und der Bruch, bei spröden Werkstoffen der Bruch in Betracht. Die zulässige Spannung für unsere beiden Werkstoffe beträgt dann mit den gewählten Sicherheitsbeiwerten $S_F = 1,5$ und $S_B = 2$ bzw. 4

für St 50: $$\tau_{zul} = \frac{\tau_{tF}}{S_F} \approx \frac{0,58\,R_e}{S_F} = \frac{0,58 \cdot 300}{1,5} = 116\,\text{N/mm}^2 \quad \text{bzw.}$$

$$\tau_{zul} = \frac{\tau_{tB}}{S_B} \approx \frac{R_m}{S_B} = \frac{500}{2} = 250\,\text{N/mm}^2$$

für GG-30: $$\tau_{zul} = \frac{\tau_{tB}}{S_B} \approx \frac{R_m}{S_B} = \frac{300}{4} = 75\,\text{N/mm}^2$$

Damit können wir τ_t und τ_{zul} bestimmen und eine entsprechende Festigkeitsberechnung durchführen. Dazu wieder ein Beispiel:

5.3 Beispiel: Torsionsstab

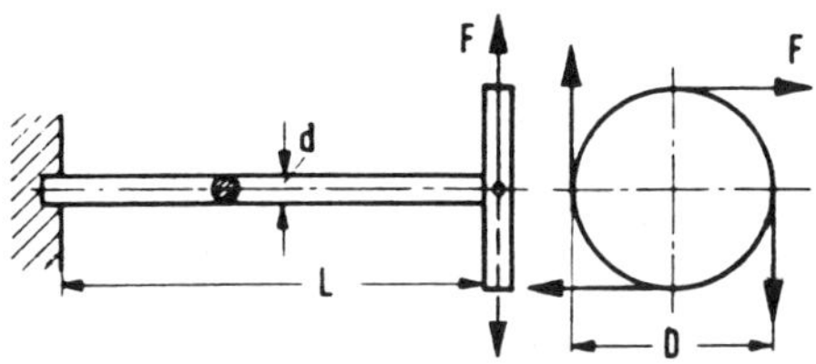

Ein Stab von der Länge $L = 1\text{m}$ aus dem Werkstoff St 50 ist am einen Ende fest eingespannt und trägt am anderen Ende eine Scheibe mit dem Durchmesser $D = 500$ mm, an der vier tangential gerichtete Kräfte von je $F = 500$ N angreifen.

a) Wie groß muß der Durchmesser d des Stabes sein?
b) Wie groß muß der Durchmesser d sein, wenn der Stab aus GG-30 besteht ?
c) Wie groß ist der Verdrehwinkel für die Fälle a) und b) ?

a) Gegeben: $F = 500\,\text{N}$
$D = 500\,\text{mm}$
$L = 1000\,\text{mm}$
Werkstoff St 50

Gesucht: $d = ?$

Die 4 Kräfte F üben ein Torsionsmoment auf den Stab aus.

$$\left.\begin{aligned} M_t &= 4 \cdot F \frac{D}{2} = 2 \cdot F D \\ W_t &= \frac{\pi}{16} d^3 = ? \end{aligned}\right\} \tau_t = \frac{M_t}{W_t} = \frac{32\,F\,D}{\pi\,d^3}$$

St 50 ist ein zäher Werkstoff, also ist die Rechnung gegen Fließen oder Bruch durchzuführen. Da die zulässige Spannung gegen Fließen kleiner ist als gegen Bruch, ist sie zu verwenden.

$$\left.\begin{aligned} \tau_{tF} &\approx 0,58\,R_e \\ &= 0,58 \cdot 300 = 175\,\text{N/mm}^2 \\ S_F &= 1,5 \quad \text{gewählt} \end{aligned}\right\} \tau_{zul} = \frac{\tau_{tF}}{S_F} = \frac{175}{1,5} = 116\,\text{N/mm}^2$$

Festigkeitsbedingung: $\tau_t \leq \tau_{zul} \longrightarrow \dfrac{32\,F\,D}{\pi\,d^3} = \tau_{zul}$

$$d = \sqrt[3]{\frac{32\,F\,D}{\pi\,\tau_{zul}}} = \sqrt[3]{\frac{32 \cdot 500 \cdot 500}{\pi \cdot 116}} = 28,0\,\text{mm}$$

b) GG-30 ist ein spröder Werkstoff, also ist die Rechnung gegen Bruch durchzuführen. Sonst ist alles wie bei a).

$$\tau_{zul} = \frac{\tau_{tB}}{S_B} \approx \frac{R_m}{S_B} = \frac{300}{4} = 75\,\mathrm{N/mm^2}$$

$$d = \sqrt[3]{\frac{32\,F\,D}{\pi\,\tau_{zul}}} = \sqrt[3]{\frac{32 \cdot 500 \cdot 500}{\pi \cdot 75}} = 32,4\,\mathrm{mm}$$

c) Der Verdrehwinkel beträgt

$$\varphi = \frac{M_t\,L}{G\,I_p}$$

Mit $M_t = 2\,FD$ und $I_p = \frac{\pi}{32}d^4$ wird

$$\varphi = \frac{64\,FDL}{G\,\pi\,d^4}$$

St 50: $(E = 210\,000\,\mathrm{N/mm^2}; \mu = 0,3 \rightarrow G = \frac{E}{2(1+\mu)} = 80\,800\,\mathrm{N/mm^2})$

$$\varphi = \frac{64 \cdot 500 \cdot 500 \cdot 1000}{80\,800 \cdot \pi \cdot 28,0^4} = 0,1027 = 5,88^o$$

GG-30: $(E = 100\,000\,\mathrm{N/mm^2}; \mu = 0,25 \rightarrow G = \frac{E}{2(1+\mu)} = 40\,000\,\mathrm{N/mm^2})$

$$\varphi = \frac{64 \cdot 500 \cdot 500 \cdot 1000}{40\,000 \cdot \pi \cdot 32,4^4} = 0,1156 = 6,62^o$$

Obwohl der Stab aus GG-30 einen größeren Durchmesser hat als der aus St 50, verdreht er sich wegen des niedrigeren Schubmoduls mehr.

6 Zusammenfassung der Grundbelastungsfälle

Für die behandelten Grundbelastungsfälle sind in der folgenden Tabelle 6.1 die Formeln zur Spannungsberechnung und die Werkstoffkennwerte für statische Beanspruchung bei Raumtemperatur nochmals zusammengestellt.

Tab. 6.1: Spannungen und Werkstoffkennwerte für statische Beanspruchung bei Raumtemperatur

Beanspruchungsart	Spannung	Werkstoffkennwert		
		Bezeichnung	Zeichen	Ersatzwert bei Stahl
Zug	$\sigma = \frac{F}{A}$	Streckgrenze (Fließgrenze) 0,2-Dehngrenze Zugfestigkeit	R_e $R_{p0,2}$ R_m	
Druck[1]	$\sigma_d = \frac{F}{A}$	Druckfließgrenze (Stauchgrenze) Druckfestigkeit	σ_{dF} σ_{dB}	$-R_e\ bzw.\ -R_{p0,2}$
Biegung	$\sigma_b = \frac{M_b}{W_b}$	Biegefließgrenze Biegefestigkeit	σ_{bF} σ_{bB}	$R_e\ bzw.\ R_{p0,2}$
Schub	$\tau = \frac{F}{A}$	Scherfestigkeit	τ_{aB}	$(0,65 - 0,75)\ R_m$
Torsion	$\tau_t = \frac{M_t}{W_t}$	Torsionsfließgrenze Torsionsfestigkeit	τ_{tF} τ_{tB}	$0{,}58\ R_e$ bzw. $0{,}58\ R_{p0,2}$ R_m

[1] Bei Druckbeanspruchung muß stets auch die Versagensmöglichkeit durch Knicken beachtet werden

7 Schwingende Beanspruchung

Bei der Behandlung der Grundbelastungsfälle hatten wir den zeitlichen Verlauf der äußeren Belastung nicht näher festgelegt. Wir hatten vielmehr stillschweigend angenommen, daß die Zeit keine Rolle spielt, d.h. daß die äußere Belastung, einmal aufgebracht, mit konstanter, zeitlich unveränderter Größe wirkt. Eine solche Art der Belastung heißt statisch (oder ruhend, zügig, einmalig). Sie ruft im Inneren eines so belasteten Körpers eine statische Beanspruchung hervor, wie in Abb. 7.1 dargestellt.

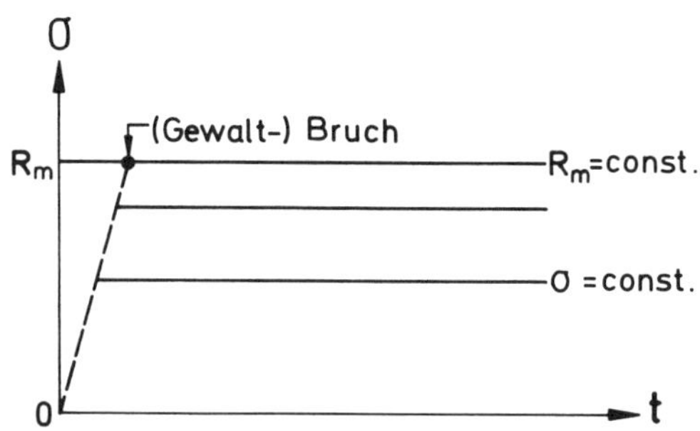

Abb. 7.1:
Zeitlicher Verlauf der statischen Beanspruchung (schematisch)

Nach der Lastaufgabe, die so langsam erfolgen muß, daß keine nennenswerten Massenkräfte auftreten (theoretisch: unendlich langsam, im Zugversuch vorgeschrieben: <10 (N/mm^2)/sec), wirkt eine Spannung von konstanter Größe. Solange diese Spannung σ unter der Zugfestigkeit R_m des Werkstoffes bleibt, tritt kein Bruch ein. Wird dagegen $\sigma = R_m$, so erfolgt bei der Belastung ein sogenannter Gewaltbruch (oder zügiger oder statischer Bruch).

Im Gegensatz zur statischen, zeitunabhängigen Beanspruchung heißt die Beanspruchung dynamisch, wenn sie zeitabhängig ist. Ein Sonderfall davon – technisch wohl der wichtigste – ist die schwingende Beanspruchung. Als schwingend (oder wiederholt, periodisch, pulsierend) bezeichnet man die Beanspruchung, wenn sie sich in periodisch wiederkehrenden Folgen zwischen festen Grenzen ändert. Graphisch stellt man eine schwingende Beanspruchung üblicherweise als Sinusschwingung dar, wie z.B. in Abb. 7.2 geschehen. Bei einer solchen schwingenden Beanspruchung mit $\sigma_{max} < R_m$ kann nach einer bestimmten Anzahl von Belastungen (Schwingspielen) ein (Schwingungs-)Bruch eintreten, obwohl die Belastung bis dahin ohne merkliche, äußerlich erkennbare Schäden ertragen wurde. Erst kurz vor dem Bruch entsteht ein Anriß. Die Bruchgrenze hat sich also im Laufe der Zeit geändert, sie ist offenbar von der Anzahl N der Schwingspiele abhängig. Man spricht deshalb auch von einer Werkstoff-"Ermüdung".

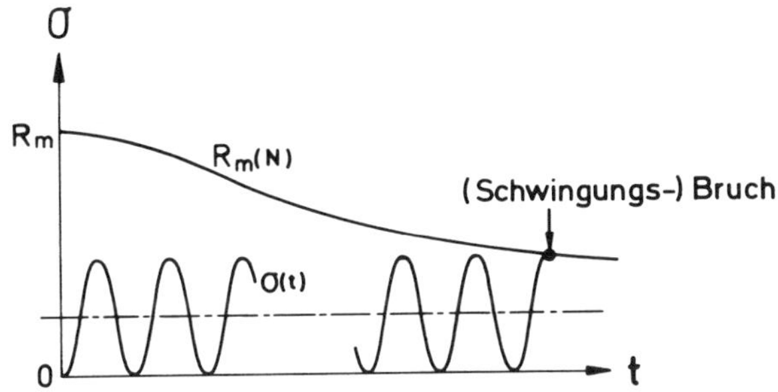

Abb. 7.2
Zeitlicher Verlauf einer schwingenden Beanspruchung (schematisch)

Die Tatsache, daß bei schwingender Beanspruchung sowohl die von der äußeren Belastung hervorgerufene wirksame Spannung σ als auch das Werkstoffverhalten und damit die zulässige Spannung σ_{zul} zeitabhängig bzw. schwingspielzahlabhängig sind, muß natürlich bei der Festigkeitsberechnung berücksichtigt werden. Wir müssen also zunächst die Spannungsermittlung und dann die Bestimmung der zulässigen Spannung bei schwingender Beanspruchung untersuchen.

7.1 Spannungsermittlung

Die Abhängigkeit der äußeren Belastung – durch Kräfte F, Biegemomente M_b, Torsionsmomente M_t – von der Zeit wird gewöhnlich in Form einer Sinusschwingung wiedergegeben, wie in Abb. 7.3 dargestellt. Die von der äußeren Belastung hervorgerufenen Spannungen hatten wir bei statischer Beanspruchung mit Hilfe von Gleichgewichtsbetrachtungen bestimmt als

$$\begin{aligned} \sigma &= F/A && \text{(Zug/Druck)} \\ \sigma_b &= M_b/W_b && \text{(Biegung)} \\ \tau &= F/A && \text{(Schub)} \\ \tau_t &= M_t/W_t && \text{(Torsion)} \end{aligned}$$

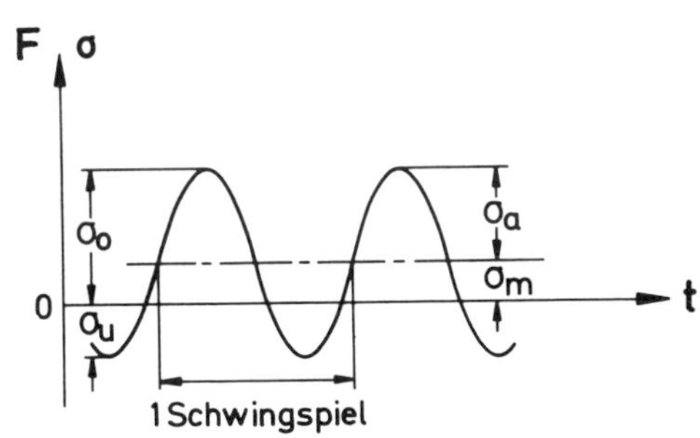

Abb. 7.3:
Spannungsgrößen bei schwingender Beanspruchung

Da man die Schwingbeanspruchung als Folge von Gleichgewichtszuständen zwischen äußerer Belastung und innerer Beanspruchung auffassen kann – das ist zulässig, solange sich die Belastung nicht so schnell ändert, daß man auch die Wirkung von Massenkräften berücksichtigen muß –, sind diese Formeln auch bei schwingender Beanspruchung gültig. Die Spannung ist demnach in jedem Augenblick der äußeren Belastung proportional. Damit kann man aber den zeitlichen Verlauf der äußeren Belastung und den der Spannung durch die gleiche Sinusschwingung darstellen.

Nach Abb. 7.3 ändert sich somit die Höhe der Spannung periodisch zwischen zwei Grenzwerten, der Oberspannung σ_o und der Unterspannung σ_u. Der Spannungsablauf kann daher auch als eine Schwingung mit der Spannungsamplitude $\sigma_a = (\sigma_o - \sigma_u)/2$ um eine statische Mittelspannung von der Größe $\sigma_m = (\sigma_o + \sigma_u)/2$ aufgefaßt werden. Eine Schwingbeanspruchung ist also eindeutig bestimmt entweder durch σ_o und σ_u oder durch σ_m und σ_a. Die doppelte Amplitude $2\sigma_a$ bezeichnet man als Schwingbreite $\Delta\sigma$ der Spannung, eine vollständige Schwingung als ein Schwingspiel.

Je nach Vorzeichen von Ober- und Unterspannung unterscheidet man verschiedene Beanspruchungsbereiche und Sonderfälle, die in Abb. 7.4 zusammengestellt sind.

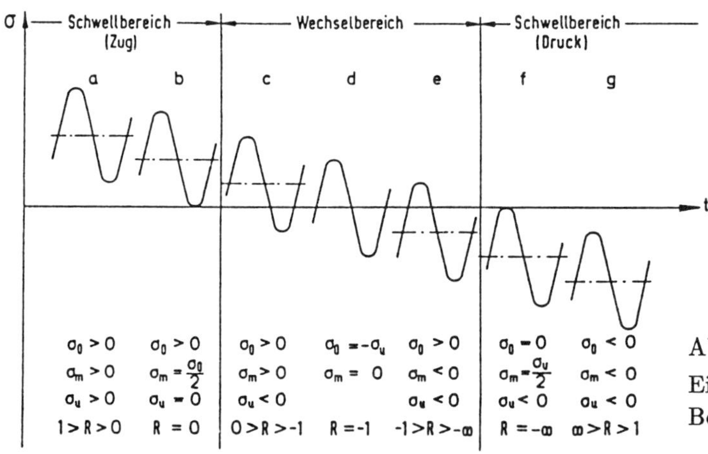

Abb. 7.4: Einteilung der Beanspruchungsfälle

Man befindet sich im Zugschwellbereich, wenn σ_o und σ_u beide positiv, also Zugspannungen sind (Fall a und b), im Wechselbereich, wenn σ_o und σ_u verschiedene

Vorzeichen haben (Fall c, d und e), und im Druckschwellbereich, wenn beide negativ, also Druckspannungen sind (Fall f und g). Sonderfälle sind die reine Zugschwellbeanspruchung (Fall b), die reine Wechselbeanspruchung (Fall d) und die reine Druckschwellbeanspruchung (Fall f). Zur Beschreibung der Schwingbeanspruchung wird auch das Spannungsverhältnis $R = \sigma_u/\sigma_o$ verwendet. Es kennzeichnet aber nur die Art der Beanspruchung, nicht ihre Größe.

Die Spannungsermittlung bei schwingender Beanspruchung geht also genauso vor sich wie bei statischer Beanspruchung, da sie auf Gleichgewichtsbetrachtungen basiert, die auch unter schwingender Belastung gelten.

Damit ist die Spannungsermittlung erledigt, wir kommen jetzt zum Werkstoffverhalten.

7.2 Werkstoffverhalten

Auskunft über das Werkstoffverhalten unter schwingender Beanspruchung gibt der Dauerschwingversuch nach DIN 50 100. Dabei wird ein zylindrischer Probestab einer schwingenden (meist Zug-Druck-)Belastung von bestimmter Höhe unterworfen und die Anzahl der Belastungen bis zum Bruch registriert.

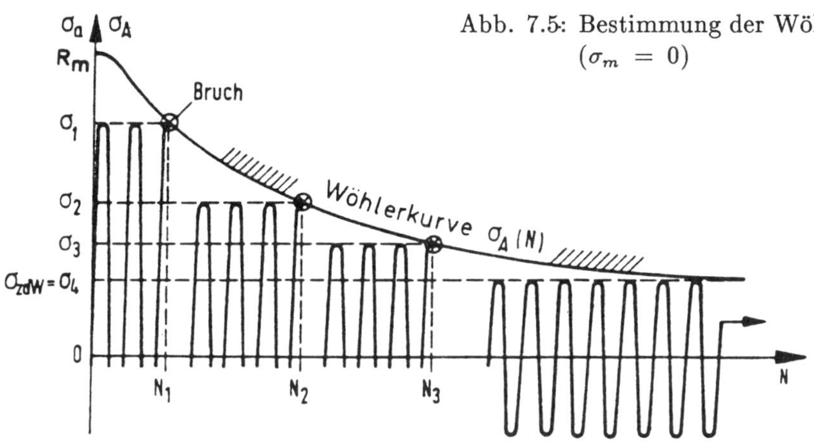

Abb. 7.5: Bestimmung der Wöhlerkurve ($\sigma_m = 0$)

Aus einer Serie solcher Versuche mit systematisch abgestufter Oberlast erhält man eine sog. Wöhlerkurve, wenn man die jeweilige Spannungsamplitude σ_a über der

Anzahl N der bis zum Bruch ertragenen Schwingspiele aufträgt. Dies ist in Abb. 7.5 am Beispiel einer Zug-Druck-Wechselbeanspruchung ($\sigma_m = 0$) schematisch dargestellt. Bei einer aufgebrachten Spannungsamplitude von $\sigma_a = \sigma_1$ bricht der Probestab nach N_1 Belastungen, bei $\sigma_a = \sigma_2$ nach N_2 Belastungen usw. Je mehr man also – ausgehend von R_m – die Spannungsamplitude vermindert, umso größer wird die Schwingspielzahl bis zum Bruch.

Allmählich geht die Wöhlerkurve in einen waagrechten Verlauf über. Das bedeutet, daß man unterhalb einer bestimmten Spannungsamplitude nicht mehr mit einem Bruch rechnen muß. Diese Spannung kann dann beliebig oft ertragen werden, sie ist – für den Fall der Zug-Druck-Wechselbeanspruchung – die (Zug-Druck-) Wechselfestigkeit σ_{zdW} des Werkstoffs.

Üblicherweise trägt man die Schwingspielzahlen in logarithmischem Maßstab auf. Der Verlauf der Wöhlerkurve läßt sich dann, wie Abb. 7.6 zeigt, durch Geradenstücke gut annähern. Man kann somit drei Bereiche unterscheiden:

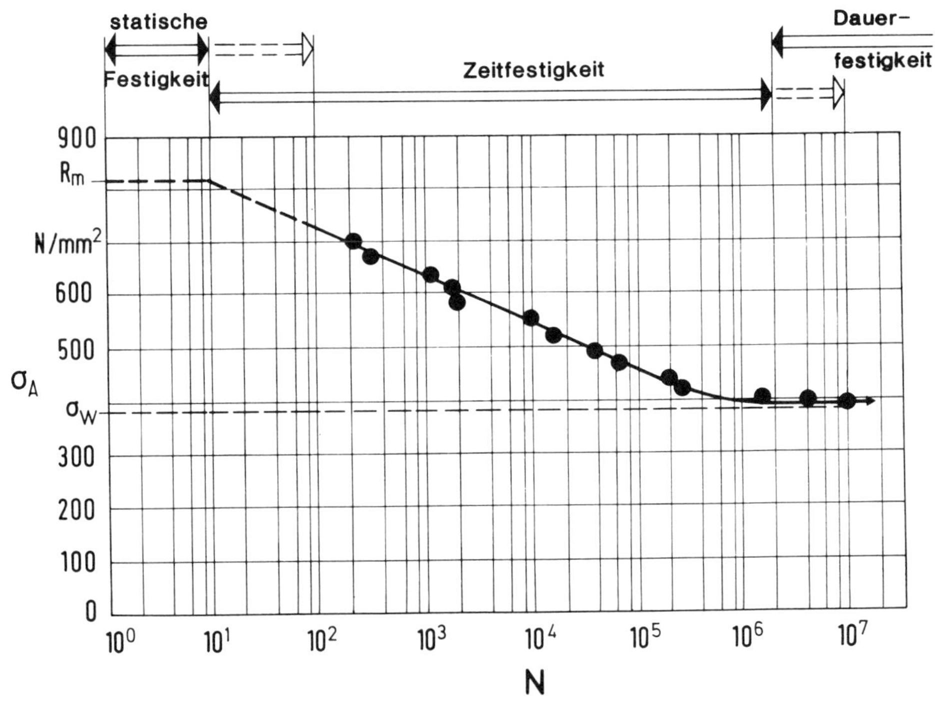

Abb. 7.6: Wöhlerkurve des Werkstoffs 34 CrMo 4 für Zug-Druck-Wechselbeanspruchung ($\sigma_m = 0$) in halblogarithmischer Darstellung

Bei kleinen Schwingspielzahlen bleibt die ertragbare Spannungsamplitude etwa konstant, für $\sigma_m = 0$ also nahezu auf der Höhe der Zugfestigkeit. Das ist der Bereich der (quasi-)statischen Festigkeit. Daran schließt sich der Bereich der Zeitfestigkeit an. Hier wird die Schwingspielzahl bis zum Bruch umso größer, je mehr man die Spannungsamplitude vermindert. Unterhalb einer bestimmten Spannungsamplitude tritt kein Bruch mehr ein, sie kann "unendlich oft" ausgehalten werden. Man hat dann den Bereich der Dauerfestigkeit erreicht mit dem Werkstoffkennwert σ_{zdW} oder kurz σ_W. Die zugehörige Grenzschwingspielzahl hängt von der Werkstoffart ab, nicht aber von der Frequenz der Lastschwingung. Sie beträgt für ferritisch-perlitische Stähle $(2 - 10) \cdot 10^6$, für austenitische Stähle und Leichtmetalle $(5 - 10) \cdot 10^7$.

Die experimentelle Ermittlung der Wöhlerlinie ist sehr aufwendig. Bei der üblicherweise verwendeten Prüffrequenz von 50 Hz nimmt die Bestimmung eines Versuchswertes im Bereich der Dauerfestigkeit etwa 11 Stunden in Anspruch. Für die ganze Wöhlerlinie sind mindestens 10-12 Proben nötig.

Bei den Wöhlerkurven nach Abb. 7.5 und 7.6 hatten wir den Sonderfall einer reinen Wechselbeanspruchung angenommen, wo $\sigma_m = 0$ ist. Die Mittelspannung kann aber durchaus von Null verschieden sein. Der allgemeine Fall einer schwingenden Beanspruchung läßt sich ja auffassen als die Überlagerung einer statischen Mittelspannung und einer zeitlich wechselnden Spannung mit der Amplitude σ_a. Die unter einer beliebigen Mittelspannung σ_m dauernd ertragbare Spannungsamplitude wird als Dauerschwingfestigkeit σ_D (oder kurz Dauerfestigkeit) bezeichnet. Sie ist nach DIN 50 100 diejenige Spannungsamplitude σ_A, die bei einer gleichzeitig vorhandenen Mittelspannung σ_m von gegebener Größe beliebig oft ertragen werden kann, also

$$\sigma_D = \sigma_A \quad \text{für} \quad \sigma_m = \ldots$$

Die Abhängigkeit der ertragbaren Spannungsamplitude von der Mittelspannung muß experimentell bestimmt werden. Man führt hierzu Dauerschwingversuche durch, wobei innerhalb einer Versuchsreihe die Mittelspannung konstant gehalten, von Versuchsreihe zu Versuchsreihe aber systematisch abgestuft wird. Man erhält somit die jeweilige Dauerschwingfestigkeit mit der Mittelspannung als Versuchsparameter. Die dabei festgestellten Zusammenhänge zwischen der Mittelspannung einerseits und der Spannungsamplitude bzw. der Ober- und Unterspannung andererseits lassen sich übersichtlich darstellen in einem sog. Dauerfestigkeitsschaubild. Abb. 7.7 zeigt ein solches Dauerfestigkeitsschaubild in der Darstellung nach Haigh. Hier ist die dauernd ertragbare Spannungsamplitude σ_A über der Mittelspannung

σ_m aufgetragen. Man sieht, daß σ_A für positives σ_m (Zug) abnimmt, für negatives σ_m (Druck) zunimmt. Für $\sigma_m = 0$ – die reine Wechselbeanspruchung – wird $\sigma_A = \sigma_W$. Ist $\sigma_m = R_m$, so kann keine zusätzliche Amplitude mehr aufgenommen werden, hierfür ist also $\sigma_A = 0$. Der Schnittpunkt der Grenzkurve $\sigma_A(\sigma_m)$ mit einer 45°-Geraden führt auf die halbe (Zug-)Schwellfestigkeit $\sigma_{Sch}/2$, für die ja $\sigma_m = \sigma_A = \sigma_{Sch}/2$ ist.

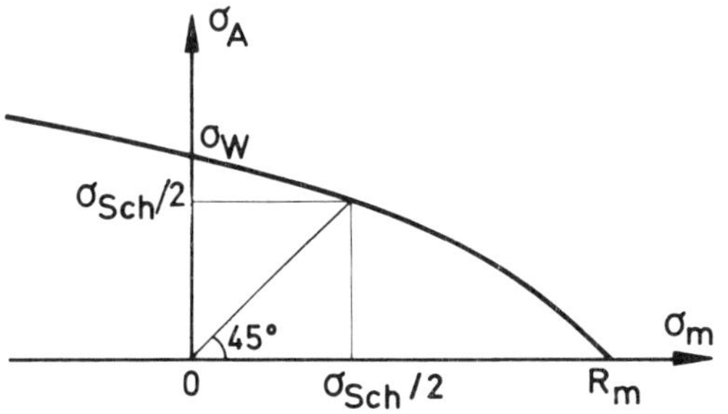

Abb. 7.7: Dauerfestigkeitsschaubild nach Haigh

In dem Dauerfestigkeitsschaubild nach Abb. 7.7 tritt die ertragbare Ober- bzw. Unterspannung nicht direkt in Erscheinung. Durch eine andere Darstellungsweise kann man jedoch neben der Spannungsamplitude auch die Ober- und Unterspannung in Abhängigkeit von der Mittelspannung wiedergeben.

Dies führt auf das als Abb. 7.8 gezeigte Dauerfestigkeitsschaubild nach Smith. Hier wird auf der Abszisse wieder σ_m aufgetragen, auf der Ordinate dagegen nicht σ_A, sondern die zugehörigen Werte σ_o und σ_u. Wie für die Spannungsschwingungen 1-6 in Abb. 7.8 links gezeigt, erhält man damit Grenzlinien für σ_o und σ_u, zwischen denen die Schwingbeanspruchung liegen muß, wenn es nicht zum Bruch kommen soll. Bei gleichem Achsmaßstab fallen die Mittelwerte $(\sigma_o + \sigma_u)/2$ auf eine 45°-Gerade (s. Schwingbeanspruchung 6). Der Abstand von der 45°-Geraden zu σ_o bzw. σ_u ist dann gleich dem bei der jeweiligen Mittelspannung noch ertragbaren Spannungsausschlag σ_A. Man kann sich das Dauerfestigkeitsschaubild nach Smith aus demjenigen nach Haigh dadurch entstanden denken, daß man dort die σ_m -Achse unter Beibehalten von σ_A um 45° "hochklappt". In Abb. 7.8 sind als Sonderfälle die reine Wechselbeanspruchung mit der Wechselfestigkeit $\sigma_o = \sigma_W$ bzw. $\sigma_u = -\sigma_W$ für $\sigma_m = 0$ (Schwingbeanspruchung 2) und die reine Zugschwellbeanspruchung mit der Schwellfestigkeit $\sigma_o = \sigma_{Sch}$ für $\sigma_u = 0$ (Schwingbeanspruchung 4) enthalten.

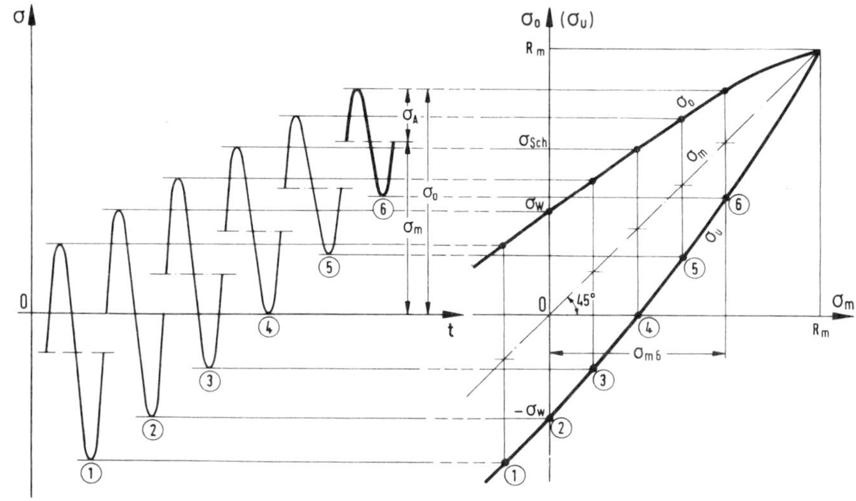

Abb. 7.8: Dauerfestigkeitsschaubild nach Smith

Wegen der Vielzahl der metallischen Werkstoffe ist das Dauerfestigkeitsschaubild, das als Werkstoffcharakteristik ja letztlich experimentell mit einem entsprechenden Versuchsaufwand bestimmt werden muß, in der Regel nicht bekannt. Bekannt sind meist nur einzelne Werkstoffkennwerte, so die Zugfestigkeit R_m, die Streckgrenze R_e, eventuell die Wechselfestigkeit σ_W und manchmal auch noch die Schwellfestigkeit σ_{Sch}. Das Dauerfestigkeitsschaubild läßt sich dann aber näherungsweise aus diesen Werten konstruieren. Dafür gibt es verschiedene, aus experimentellen Ergebnissen abgeleitete Möglichkeiten, je nachdem, welche Festigkeitskennwerte zur Verfügung stehen und um welche Werkstoffgruppe es sich handelt. Bei Stählen kann man folgendermaßen vorgehen:

Sind R_e, σ_W und σ_{Sch} bekannt, so verbindet man gemäß Abb. 7.9a den σ_W- und den σ_{Sch}-Punkt durch eine Gerade. Für die Festigkeitsberechnung darf σ_o nicht größer als R_e werden, wenn kein Fließen eintreten soll. Das Schaubild wird deshalb nach oben durch die horizontale Linie $\sigma_o = R_e$ bis zur 45°-Linie begrenzt. Damit ist die Grenzlinie für σ_o durch zwei Geradenstücke gegeben. Die Grenzlinie für σ_u besteht dann ebenfalls aus zwei Geraden, die man erhält, indem man die Amplitude $\sigma_A = \sigma_o - \sigma_m$ von der 45°-Linie aus nach unten abträgt, so daß $\sigma_u = \sigma_m - \sigma_A$ ist.

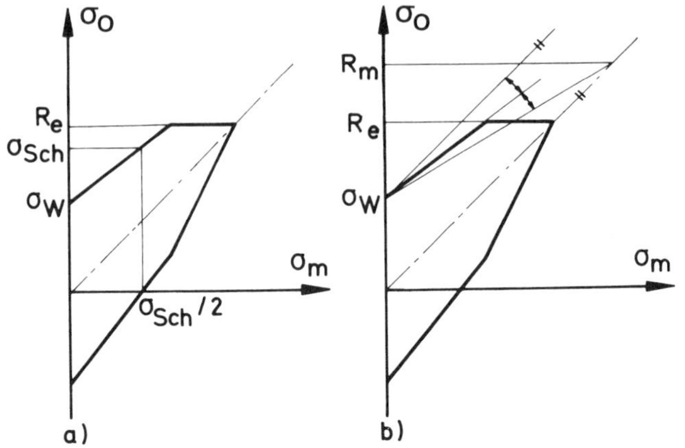

Abb. 7.9: Näherungskonstruktionen für das Dauerfestigkeitsschaubild von Stahl

Sind R_m, R_e und σ_W gegeben – wie in Abb. 7.9b angenommen –, so zieht man eine Gerade vom σ_W- zum R_m-Punkt sowie eine zweite Gerade durch den σ_W-Punkt parallel zur 45°- Linie und halbiert den so entstandenen Winkel. Die Winkelhalbierende ist dann die σ_o-Grenzlinie. Nach oben wird das Schaubild wieder durch die Streckgrenzenlinie $\sigma_o = R_e$ abgeschnitten. Die σ_u-Grenzlinie erhält man wie in Abb. 7.9a aus der "Symmetrie" von σ_A bezüglich σ_m.

Bei spröden Werkstoffen, wie den Graugußsorten, die eine größere "Mittelspannungsempfindlichkeit" besitzen als die Stähle, nimmt man als σ_o- bzw. σ_u-Grenzlinie einfach die Geraden von σ_W bzw. $-\sigma_W$ zum R_m-Punkt, wie in Abb. 7.10 dargestellt.

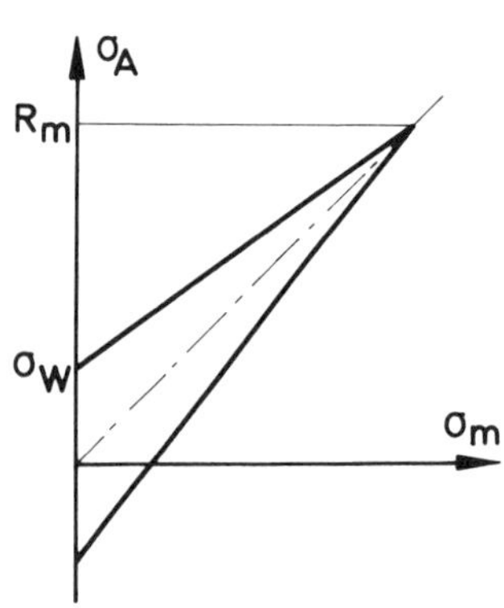

Abb. 7.10: Näherungskonstruktion für das Dauerfestigkeitsschaubild von Grauguß

Anstelle der graphischen Näherungskonstruktionen für das Dauerfestigkeitsschaubild kann man auch analytische Näherungen benutzen. Sie beruhen darauf, daß man die σ_A-Grenzlinie in der Haighschen Darstellung bei zähen Werkstoffen durch eine Parabel, bei spröden Werkstoffen durch eine Gerade annähert, wie in Abb. 7.11 gezeigt. Die ertragbare Spannungsamplitude σ_A läßt sich dann für vorgegebene Mittelspannung σ_m aus R_m und σ_W errechnen. Sie ergibt sich bei zähen Werkstoffen zu

$$\sigma_A = \sigma_W \sqrt{1 - \frac{\sigma_m}{R_m}}$$

und bei spröden Werkstoffen zu

$$\sigma_A = \sigma_W \left(1 - \frac{\sigma_m}{R_m}\right)$$

(Bei zähen Werkstoffen ist, um plastisches Fließen zu vermeiden, zusätzlich die Bedingung $\sigma_o \leq R_e$ einzuhalten, aus der $\sigma_A \leq R_e - \sigma_m$ folgt.)

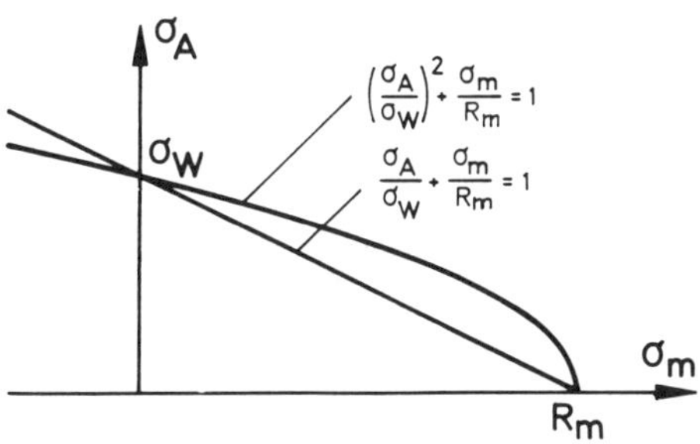

Abb. 7.11:
Analytische Näherungen für das Dauerfestigkeitsschaubild

Bei all den beschriebenen Näherungsverfahren war angenommen worden, daß neben Zugfestigkeit und Streckgrenze – die man stets als bekannt voraussetzen darf – auch die Wechselfestigkeit gegeben ist. Dies ist aber oft nicht der Fall, da die experimentelle Bestimmung von Dauerschwingfestigkeitswerten sehr aufwendig ist. Man hat deshalb nach Zusammenhängen mit anderen, leichter zu ermittelnden Werkstoffkennwerten gesucht. Eine solche Abhängigkeit besteht offensichtlich zwischen der Wechselfestigkeit und der Zugfestigkeit, wie Abb. 7.12 zeigt. Hier ist als Ergebnis der Auswertung zahlreicher Schwingversuche mit Stählen unterschiedlicher Festigkeit die Zug-Druck-, Biege- und Torsionswechselfestigkeit in Abhängigkeit von der Zugfestigkeit wiedergegeben. Analoge Diagramme für Gußwerkstoffe und Leichtmetalle sind im Anhang A3 zu finden. Damit läßt sich die Wechselfestigkeit näherungsweise aus der Zugfestigkeit errechnen.

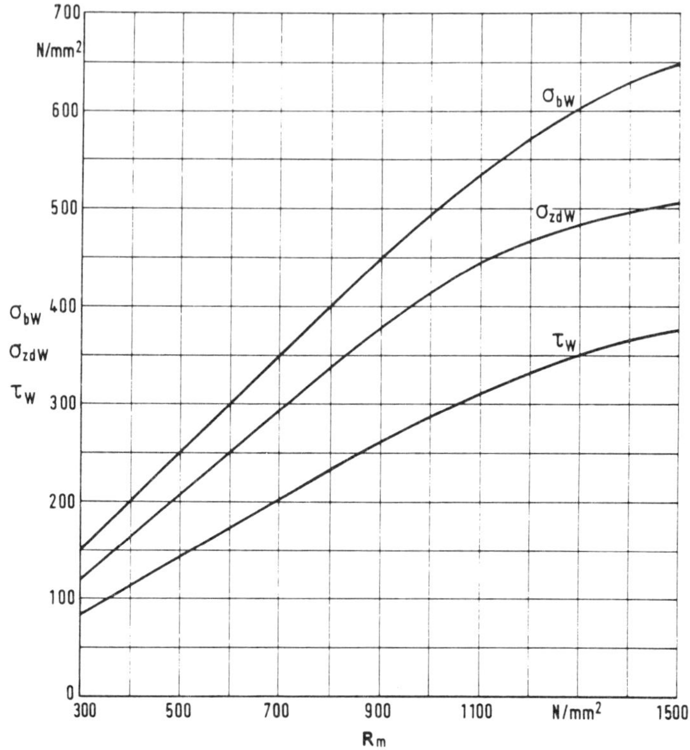

Abb. 7.12: Zug-Druck-, Biege-, und Torsionswechselfestigkeit von Stahl in Abhängigkeit von der Zugfestigkeit (Oberfläche poliert)

Die Dauerschwingfestigkeit wird mit polierten Proben bestimmt. Ist die Oberfläche rauher, so ist auch die ertragbare Schwingbeanspruchung niedriger. Das hängt damit zusammen, daß bei schwingender Beanspruchung die höchste Spannung praktisch immer an der Oberfläche auftritt, so daß der Schwingungsbruch von dort ausgeht. Der Einfluß des Oberflächenzustandes wird durch den Oberflächenfaktor $f = \sigma_W / \sigma_{W_{poliert}}$ erfaßt, der die Verminderung der Wechselfestigkeit bei der jeweils vorhandenen gegenüber der polierten Oberfläche kennzeichnet. In Abb. 7.13 ist der Faktor für verschiedene Oberflächenbeschaffenheiten in Abhängigkeit von der Zugfestigkeit wiedergegeben. Wie man sieht, ist der Zustand der Oberfläche von beträchtlichem Einfluß auf die Dauerschwingfestigkeit, insbesondere bei den hochfesten Werkstoffen. Will man die hohe Zugfestigkeit für die Schwingbeanspruchung ausnützen, so muß man deshalb für eine entsprechend hohe Oberflächengüte sorgen.

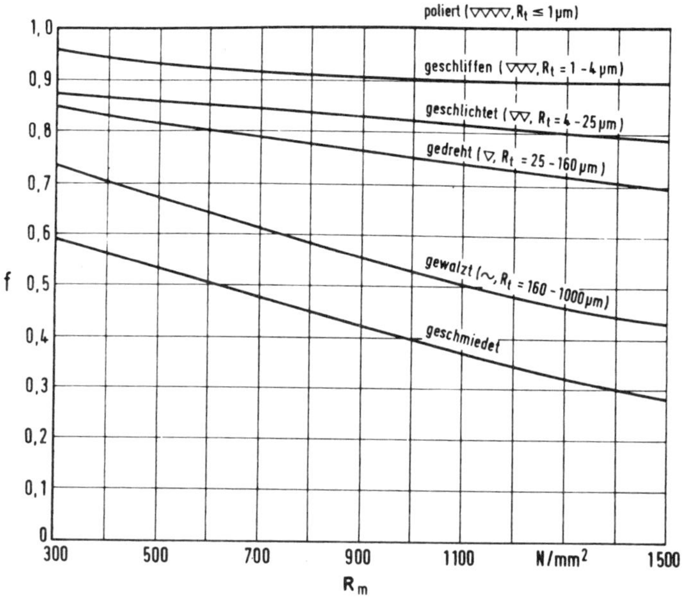

Abb. 7.13.: Oberflächenfaktor f inAbhängigkeit von der Zugfestigkeit

Da sich die Oberflächenbeschaffenheit sehr stark auf die Dauerschwingfestigkeit auswirkt, spielen auch die Umgebungsbedingungen, durch welche die Oberflächengüte beeinträchtigt wird, eine wesentliche Rolle. Hier sind in erster Linie Korrosionseinwirkungen zu beachten. Ist die Oberfläche z.B. der Korrosion durch Salzwasser ausgesetzt, so geht die Wöhlerlinie, wie Abb. 7.14 zeigt, nicht mehr in einen waagrechten Verlauf über, sondern sinkt stetig ab.

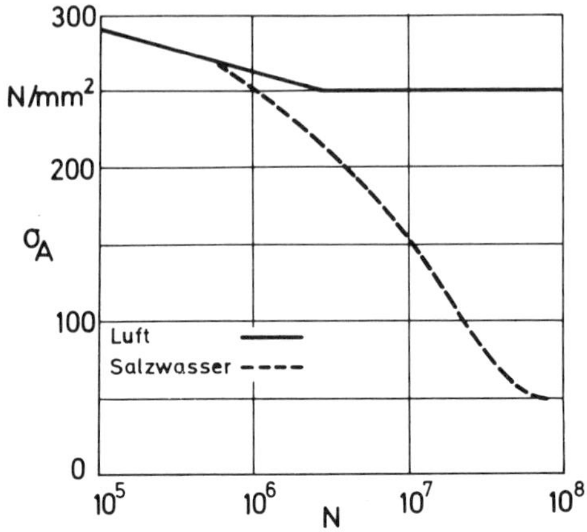

Abb. 7.14:
Einfluß der Korrosion durch Salzwasser auf die Zug-Druck-Wechselfestigkeit von C-Stahl

Es gibt dann praktisch keine Dauerschwingfestigkeit mehr, sondern nur eine Zeitschwingfestigkeit, die sich auf eine bestimmte Schwingspielzahl bezieht. Da Korrosionsvorgänge zeitabhängig sind, wirkt sich auch die Frequenz – aus der sich die Belastungsdauer ergibt – auf die Schwingfestigkeit aus.

Mit Hilfe von Abb. 7.12 (bzw. A3) und Abb. 7.13 ist es möglich, die Dauerschwingfestigkeit σ_A für verschiedene Werkstoffe, Oberflächenzustände und Beanspruchungsarten – gegebenenfalls abhängig von der Mittelspannung σ_m – angenähert zu bestimmen.

7.3 Zulässige Spannung

Die für die Dauerschwingbeanspruchung charakteristische Versagensart ist der sogenannte Schwingungsbruch (auch Dauerbruch, Ermüdungsbruch, Zerrüttungsbruch). Er tritt nach einer bestimmten Anzahl von Schwingspielen als Folge der inneren Zerrüttung des Werkstoffs ein. Man stellt sich den Versagensvorgang so vor: Durch die mit der Schwingbeanspruchung verbundenen ständigen Hin- und Herbewegungen der Gitterebenen wird das Werkstoffgefüge allmählich aufgelockert. Das führt schließlich an der höchstbeanspruchten Stelle – in der Regel an der Oberfläche – zu einem Anriß. Dieser Riß breitet sich dann unter der Schwingbelastung immer weiter aus, bis der Restquerschnitt so klein geworden ist, daß er vollends spontan bricht. Die Werkstoffzerrüttung hat ihre Ursache also in den fortwährenden Wechselgleitungen, die von der Spannungsamplitude σ_a hervorgerufen werden. Mithin muß man, um einen Schwingungsbruch zu vermeiden, die Spannungsamplitude auf ein zulässiges Maß begrenzen. Dies führt auf die Festigkeitsbedingung

$$\sigma_a \leq \sigma_{a\,zul}$$

Die zulässige Spannungsamplitude $\sigma_{a\,zul}$ ergibt sich aus der ertragbaren Spannungsamplitude σ_A, die dem Dauerfestigkeitsschaubild – gegebenenfalls unter Berücksichtigung des Oberflächenfaktors f nach Abb. 7.13 – in Abhängigkeit von der Mittelspannung σ_m zu entnehmen ist, und dem Sicherheitsbeiwert gegen Schwingungsbruch S_D zu

$$\sigma_{a\,zul} = \frac{\sigma_A}{S_D}$$

Die Größe des Sicherheitsbeiwertes kann mit $S_D = 1,5 - 2,5$ angesetzt werden. Die hohen Werte sind dann nötig, wenn die Festigkeitsrechnung zu großen Teilen auf Näherungsrechnungen basiert, beispielsweise wenn für die Bestimmung von σ_A keine experimentell ermittelten Schwingfestigkeitskennwerte zur Verfügung stehen.

Mit der obigen Festigkeitsbedingung allein ist es aber noch nicht getan. Das Versagen unter einer allgemeinen Schwingbeanspruchung, d.h. bei beliebigem Verhältnis von Spannungsamplitude zu Mittelspannung, kann ja auch auf eine der unter statischer Beanspruchung möglichen Arten – Fließen oder (Gewalt-)Bruch – eintreten. Für ein solches Versagen, das bei hoher Mittelspannung und kleiner Amplitude möglich ist, ist die größte auftretende Spannung, also die Oberspannung σ_o, maßgebend. Zusätzlich muß also noch folgende Festigkeitsbedingung erfüllt sein:

$$\sigma_o \leq \sigma_{o\,zul}$$

Auf die Oberspannung $\sigma_0 = \sigma_m + \sigma_a$ hat das Verhältnis σ_a/σ_m keinen Einfluß. Die zulässige Oberspannung beträgt wie bei rein statischer Beanspruchung

$$\sigma_{o\,zul} = \frac{R_e}{S_F} \quad \text{bzw.} \quad \frac{R_m}{S_B}$$

Die Festigkeitsberechnung eines schwingend beanspruchten Bauteils hat sich also gegen die "statischen" Versagensarten Fließen und/oder (Gewalt-)Bruch und gegen die "schwingende" Versagensart Schwingungsbruch zu richten. Die Bestimmung der zulässigen Spannung ist in der folgenden Tabelle 7.1 noch einmal zusammengefaßt.

Versagensart	Festigkeitsbedingung	Zulässige Spannung
Fließen	$\sigma_o \leq \sigma_{o\,zul}$	R_e / S_F
Gewaltbruch		R_m / S_B
Schwingungsbruch	$\sigma_a \leq \sigma_{a\,zul}$	σ_A / S_D

Tab 7.1: Zulässige Spannung bei Schwingbeanspruchung

Die getrennte Bestimmung der zulässigen Spannungen im Hinblick auf das "statische" oder "schwingende" Versagen läßt sich zusammenfassen, wenn man das Dauerfestigkeitsschaubild gleich für die zulässigen Spannungen aufzeichnet. Man erhält es, indem man R_e durch S_F, R_m durch S_B und alle Werte σ_A durch S_D dividiert, wie in Abb. 7.15 dargestellt. Man kann dann die zulässige Spannungsamplitude bzw. die zulässige Oberspannung dem Schaubild in Abhängigkeit von der zugehörigen Mittelspannung direkt entnehmen.

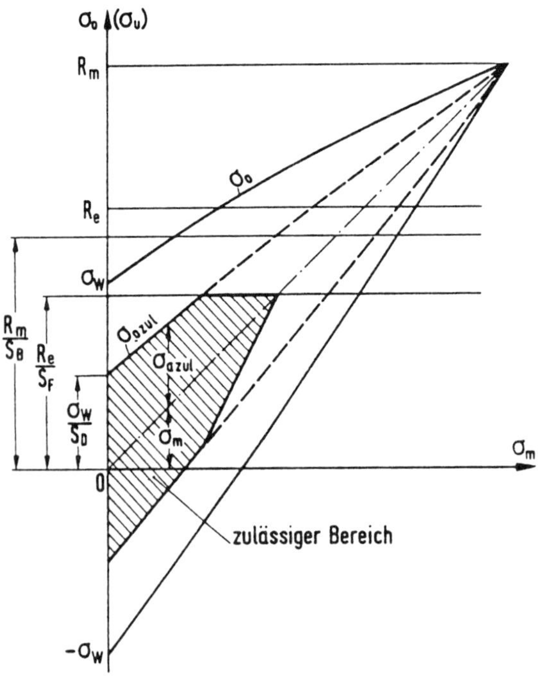

Abb. 7.15: Dauerfestigkeitsschaubild der zulässigen Spannungen

Aus Abb. 7.15 ist zu ersehen, daß bei kleinen bis mittleren Werten von σ_m das Versagen durch Schwingungsbruch, bei höheren Werten von σ_m das Versagen durch Fließen bzw. Bruch maßgebend ist. Für die Festigkeitsberechnung benötigt man deshalb das Dauerfestigkeitsschaubild bzw. eine entsprechende Näherung nur für Mittelspannungen bis etwa $\sigma_m = R_m/2$.

7.4 Beispiel: Welle

Eine umlaufende Welle aus St 52 mit polierter Oberfläche und dem Durchmesser $d = 30$ mm ist durch die axialen Zugkräfte $F_h = 85\,\text{kN}$ statisch belastet (s. Skizze). Wie groß dürfen zwei zusätzliche Querkräfte F_v sein, die im Abstand $c = 80$ mm von den Lagern angreifen, wenn ein Schwingungsbruch mit Sicherheit vermieden werden soll?

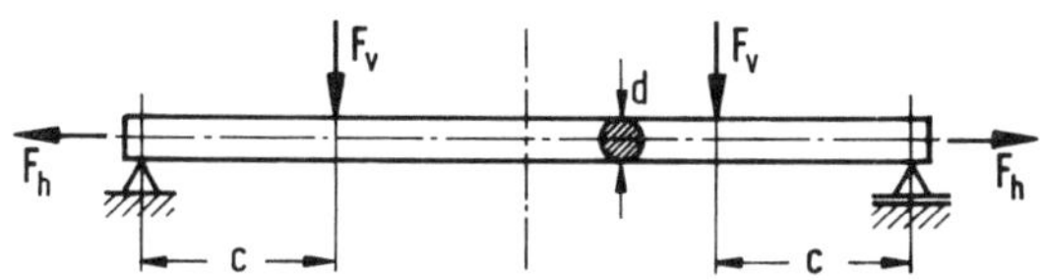

Spannungsermittlung:
Wir betrachten die Belastung durch die Axialkräfte F_h und die Querkräfte F_v zunächst getrennt und bestimmen daraus die resultierenden Spannungen.

Axialkraft F_h: Zug $\qquad \sigma_z = \dfrac{F_h}{A} = \dfrac{4\,F_h}{\pi\, d^2}$

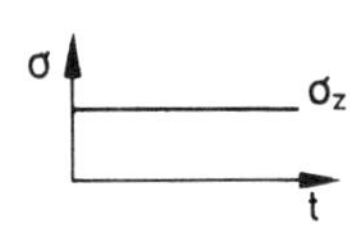

Die Zugspannung σ_z ist zeitlich konstant

Querkraft F_v: Biegung $\qquad M_{b\,max} = F_v \cdot c \qquad$ (vgl. Abschnitt 3.1)

$$\sigma_b = \frac{M_b}{W_b} = \frac{32\,F_v\,c}{\pi\, d^3}$$

Verfolgt man einen Punkt der Wellenoberfläche während einer Umdrehung, so erkennt man, daß der Werkstoff dabei durch eine vollständige Sinusschwingung zwischen $+\sigma_b$ und $-\sigma_b$ beansprucht wird.

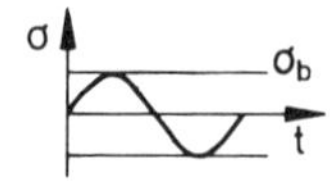

Unter der gemeinsamen Belastung von F_h und F_v überlagern sich die Spannungen σ_z und σ_b. Da sie gleichartig – beide sind Normalspannungen – und gleichgerichtet sind, darf man sie direkt addieren. Damit ergibt sich, wie die Skizze zeigt, eine Schwingbeanspruchung mit der Mittelspannung $\sigma_m = \sigma_z$ und der Amplitude $\sigma_a = \sigma_b$.

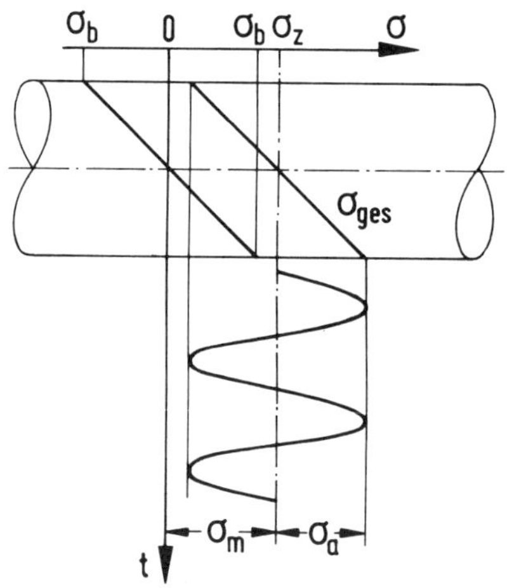

$$\sigma_m = \sigma_z = \frac{4\,F_h}{\pi\,d^2}$$

$$\sigma_a = \sigma_b = \frac{32\,F_v\,c}{\pi\,d^2}$$

$$\sigma_o = \sigma_m + \sigma_a$$

Zulässige Spannung:
Für $\sigma_{a\,zul}$ brauchen wir die ertragbare Spannungsamplitude σ_A bei $\sigma_m = \sigma_z$. Wir müssen also entweder das Dauerfestigkeitsschaubild zeichnen oder σ_A rechnerisch bestimmen.

St 52: $\left.\begin{aligned} R_m &= 520\,\mathrm{N/mm^2} \\ R_e &= 360\,\mathrm{N/mm^2} \end{aligned}\right\}$ aus Anhang A2

Aus Abb. 7.12 ist für $R_m = 520\,\mathrm{N/mm^2}$ abzulesen: $\sigma_{bW} = 260\,\mathrm{N/mm^2}$ (Oberfläche poliert).

Damit kann das Dauerfestigkeitsschaubild (maßstäblich) gezeichnet werden:

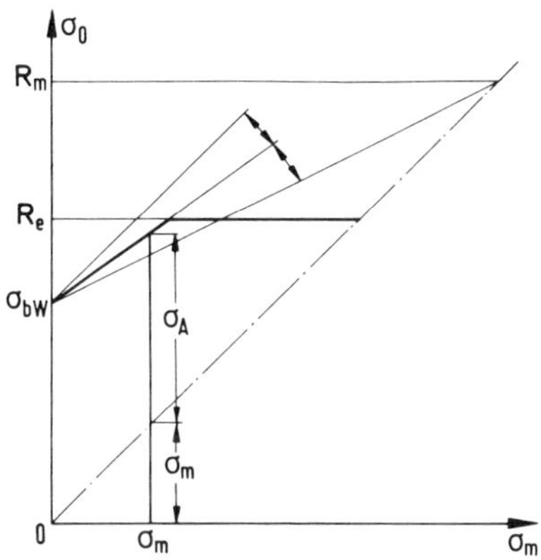

Für $\sigma_m = \dfrac{4 \cdot 85000}{\pi \cdot 30^2} = 120\,\mathrm{N/mm^2}$
liest man ab: $\sigma_A = 230\,\mathrm{N/mm^2}$

Als rechnerischen Näherungswert erhält man

$$\sigma_A = \sigma_{bW}\sqrt{1 - \frac{\sigma_m}{R_m}} = 260\sqrt{1 - \frac{120}{520}} = 228\,\mathrm{N/mm^2}$$

(Weitergerechnet mit $\sigma_A = 228\,\mathrm{N/mm^2}$)

Mit einem gewählten Sicherheitsbeiwert von $S_D = 2,0$ wird dann

$$\sigma_{a\,zul} = \frac{\sigma_A}{S_D} = \frac{228}{2,0} = 114\,\mathrm{N/mm^2}$$

Festigkeitsbedingung:
Laut Aufgabenstellung braucht nur gegen Schwingungsbruch gerechnet werden. Also muß nur die folgende Festigkeitsbedingung erfüllt werden:

$$\sigma \leq \sigma_{a\,zul} \longrightarrow \frac{32\,F_v\,c}{\pi\,d^3} = \sigma_{a\,zul}$$

$$F_v = \frac{\sigma_{a\,zul}\,\pi\,d^3}{32\,c} = \frac{114 \cdot \pi \cdot 30^3}{32 \cdot 80} = 3777\,\mathrm{N} = 3,78\,\mathrm{kN}$$

8 Allgemeiner Spannungs- und Verformungszustand

Bei der Behandlung der Grundbelastungsfälle Zug, Druck, Biegung, Schub und Torsion waren wir von möglichst einfachen Formen – Stab, Balken – und Belastungen ausgegangen. Dementsprechend ergaben sich jeweils ganz bestimmte Spannungsverteilungen. Wir wollen jetzt von diesen speziellen Spannungszuständen auf den allgemeinen Fall eines beliebigen Spannungs- und Verformungszustandes übergehen.

8.1 Spannungen an schrägen Schnitten

Wir hatten beim Zugstab das Schnittprinzip angewandt, um die Spannungen zu bestimmen. Den Schnitt hatten wir dabei – wie in Abb. 8.1a wiedergegeben – senkrecht zur Achsrichtung bzw. zur Richtung der äußeren Kraft F gelegt, so daß die Richtung der Spannungen mit der Richtung der äußeren Belastung übereinstimmte. Dafür ergaben sich Normalspannungen von der Größe $\sigma_o = F/A_o$.

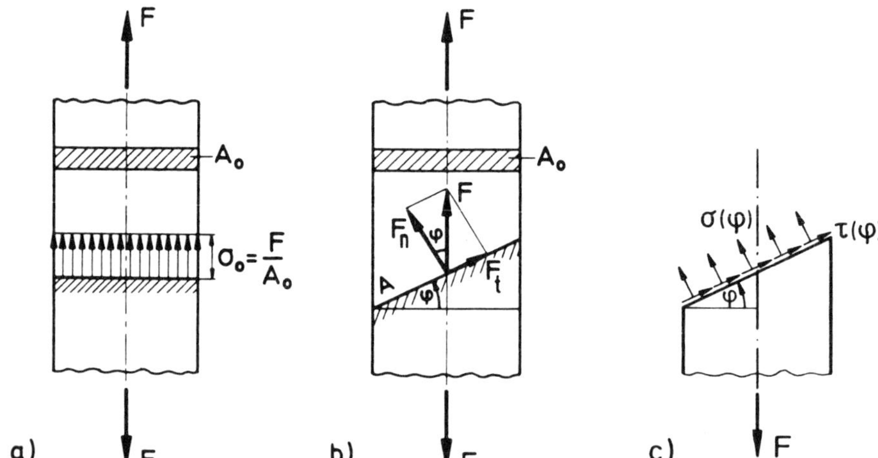

Abb. 8.1: Spannungsermittlung an schrägen Schnitten

Wir wollen jetzt untersuchen, welche Spannungen auftreten, wenn wir den Schnitt schräg, d. h. unter einem beliebigen Winkel φ zum Stabquerschnitt führen, wie in Abb. 8.1b dargestellt. Aus Gleichgewichtsgründen muß an der Schnittfläche eine Kraft F in Achsrichtung nach oben wirken. Wir zerlegen sie in eine Komponente F_n senkrecht (normal) zur Schnittfläche und in eine Komponente F_t in der (tangential zur) Schnittfläche. Da F unf F_n den Winkel φ einschließen, ist

$$F_n = F\,cos\varphi$$
$$F_t = F\,sin\varphi$$

Die Größe der Schnittfläche hat sich ebenfalls geändert. Sie beträgt jetzt

$$A = \frac{A_o}{cos\varphi}$$

Damit können wir die Spannungen senkrecht und tangential zur Schnittfläche A bestimmen. Aus der Normalkraft F_n entstehen die Normalspannungen

$$\sigma(\varphi) = \frac{F_n}{A} = \frac{F\,cos\varphi}{A_o\,/cos\varphi} = \frac{F}{A_o}cos^2\varphi = \sigma_o cos^2\varphi$$

Die Tangentialkraft F_t erzeugt die Schubspannungen

$$\tau(\varphi) = \frac{F_t}{A} = \frac{F\,sin\varphi}{A_o/cos\varphi} = \frac{F}{A_o}sin\varphi\,cos\varphi = \frac{1}{2}\sigma_o sin2\varphi$$

Je nach Größe des Schnittwinkels φ erhält man also unterschiedlich große Schnittspannungen $\sigma(\varphi)$ und $\tau(\varphi)$, wie in Abb. 8.1c dargestellt.

Das Ergebnis unserer Betrachtungen ist noch einmal in Abb. 8.2 veranschaulicht. Hier sind drei Gummimodelle dargestellt, in die unter verschiedenen Winkeln zur Belastungsrichtung ein gerader Schlitz eingeschnitten wurde.

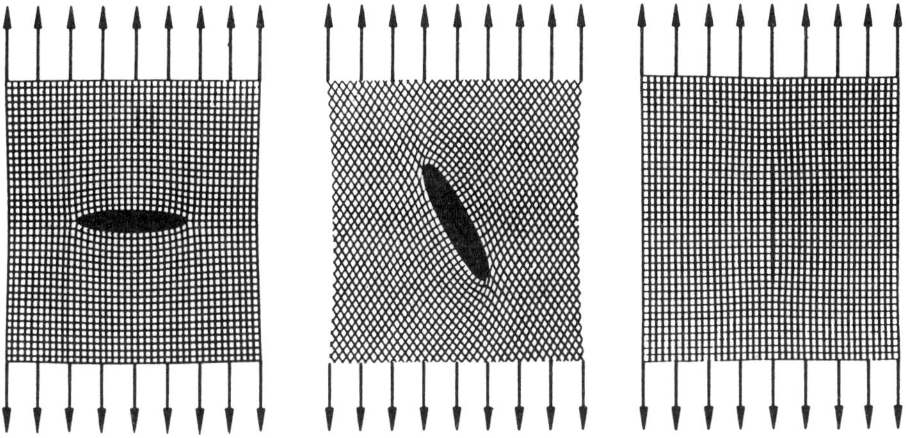

a) φ = 0° b) φ = 65° c) φ = 90°

Abb. 8.2: Veranschaulichung der Spannungen an verschiedenen Schnittflächen

Mit diesem Schlitz sollte das Schnittprinzip – bei dem ja nur in Gedanken ein Schnitt vollzogen wird – wenigstens teilweise realisiert werden. Um die Verformungen besser erkennen zu können, wurde die Oberfläche der Gummistreifen außerdem mit einem quadratischen Raster versehen.

Im unbelasteten Zustand war der Schlitz bei allen drei Modellen völlig geschlossen und äußerlich kaum wahrzunehmen. Unter der Belastung durch eine Zugkraft öffnete sich der Schlitz je nach Schnittwinkel in unterschiedlicher Weise. Um den Schlitz zu schließen, also den "ungeschnittenen" Zustand wieder herzustellen, müßte man an den Schnittflächen Spannungen anbringen, welche die Ränder zusammenziehen. Das Auseinanderklaffen des Schlitzes ist also eine Folge der durch den Schnitt unwirksam gewordenen Spannungen. Aus der Form und dem Ausmaß des Klaffens kann man daher Rückschlüsse auf die ursprünglich vorhandenen Spannungen ziehen. Für $\varphi = 0^o$ – Abb. 8.2a – ergibt sich eine zur Schnittlinie symmetrische Öffnung des Schlitzes. In den Querschnitten wirken demnach nur Normalspannungen senkrecht zu den Schnittflächen. Schubspannungen treten hier offenbar nicht auf, denn sie würden die Schnittränder gegeneinander verschieben, also eine unsymmetrische Schlitzöffnung hervorrufen. Bei $\varphi = 90^o$ – Abb. 8.2c – hat sich der Schlitz praktisch nicht geöffnet. In den Längsschnitten wirken daher weder Normal- noch Schubspannungen. Für $\varphi = 65^o$ schließlich – Abb. 8.2b – stellt sich eine zur ursprünglichen Schnittgeraden unsymmetrische Form des geöffneten Schlitzes ein, deutlich erkennbar an den entsprechend gekrümmten Rasterlinien. In schrägen Schnitten wirken daher sowohl Normalspannungen als auch Schubspannungen, was mit den abgeleiteten Formeln in Einklang steht.

8.2 Mohrscher Spannungskreis, Hauptspannungen, Spannungszustände

Die Größe der Spannungen σ und τ ist vom Schnittwinkel φ abhängig. Man kann diese Abhängigkeit und den Zusammenhang zwischen σ und τ auf sehr anschauliche Weise graphisch darstellen, wie nachfolgend gezeigt wird. Es war

$$\begin{aligned} \sigma(\varphi) &= \sigma_o \cos^2\varphi = \frac{\sigma_o}{2}(1 + \cos 2\varphi) \\ \tau(\varphi) &= \frac{\sigma_o}{2}\sin 2\varphi \end{aligned}$$

Wir bringen die Glieder mit φ auf die rechte Seite und quadrieren beide Gleichungen

$$\left(\sigma(\varphi) - \frac{\sigma_o}{2}\right)^2 = \left(\frac{\sigma_o}{2}\cos 2\varphi\right)^2$$

$$\left(\tau(\varphi)\right)^2 = \left(\frac{\sigma_o}{2} \sin 2\varphi\right)^2$$

Addiert man diese Gleichungen, so erhält man mit $\sin^2 2\varphi + \cos^2 2\varphi = 1$ den Ausdruck

$$\left(\sigma(\varphi) - \frac{\sigma_o}{2}\right)^2 + \tau(\varphi)^2 = \left(\frac{\sigma_o}{2}\right)^2$$

Das ist in einem $(\sigma(\varphi), \tau(\varphi))$ - Koordinatensystem die Gleichung eines Kreises mit dem Mittelpunkt $(\sigma_o/2;\ 0)$ und dem Radius $\sigma_o/2$. Er ist in Abb. 8.3 dargestellt. Ein solcher Kreis heißt Mohrscher Spannungskreis. Jeder Punkt des Mohrschen Spannungskreises repräsentiert ein Wertepaar $\sigma(\varphi)$ und $\tau(\varphi)$, das zu einer bestimmten, durch den Winkel φ festgelegten Schnittfläche gehört. Dieser Winkel erscheint in doppelter Größe als Mittelpunktswinkel, gemessen von der positiven σ-Achse aus. Davon kann man sich anhand des (beliebigen) Punktes A in Abb. 8.3 leicht überzeugen. Für ihn gilt aufgrund der geometrischen Verhältnisse, daß $\sigma(\varphi) = \sigma_o/2 + (\sigma_o/2)\cos 2\varphi$ und $\tau(\varphi) = (\sigma_o/2)\sin 2\varphi$ ist, was mit den anfangs abgeleiteten Formeln übereinstimmt.

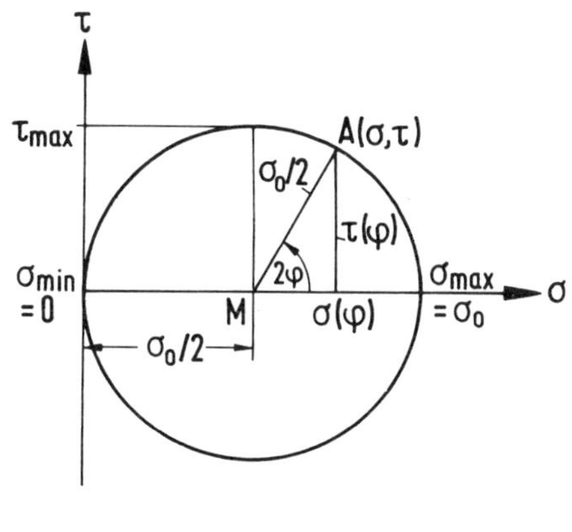

Abb. 8.3:
Mohrscher Spannungskreis für einen Stab unter Zugbeanspruchung

In den Schnittpunkten des Mohrschen Spannungskreises mit der σ-Achse nehmen die Normalspannungen Extremwerte an, und gleichzeitig verschwinden die Schubspannungen. Man bezeichnet diese extremalen Normalspannungen als Hauptspannungen, ihre Richtungen als Haupt(spannungs)richtungen und die dazugehörigen – schubspannungsfreien – Schnittflächen als Hauptschnitte. Der Spannungskreis in Abb. 8.3 hat also die Hauptspannungen $\sigma_{max} = \sigma_o$ und $\sigma_{min} = 0$. Durch seine beiden Hauptspannungen ist ein Mohrscher Spannungskreis vollständig bestimmt. Da die Hauptspannungen im Spannungskreis unter einem Winkel von $2\varphi = 180^o$

gegeneinander erscheinen, stehen die Hauptspannungsrichtungen in einem Bauteil stets senkrecht aufeinander. Die maximalen Schubspannungen τ_{max} treten – wie ebenfalls aus Abb. 8.3 ersichtlich ist – unter den Winkeln $\pm 45^o$ zu den Hauptspannungsrichtungen auf.

Der in Abb. 8.3 dargestellte Mohrsche Spannungskreis wurde über eine Schnittbetrachtung des Zugstabes von Abb. 8.1b abgeleitet. Er repräsentiert somit den Grundbelastungsfall Zug. Von diesem speziellen Lastfall kommt man zu einer allgemeineren Belastung, indem man den quasi-eindimensionalen Flachstab von Abb. 8.1b zu einem zweidimensionalen, flächenhaften Gebilde, einer Scheibe, erweitert.

Eine derartige rechteckige Scheibe konstanter Dicke mit den Seitenflächen A_1 und A_2 ist in Abb. 8.4a dargestellt. Sie soll durch die Normalkräfte F_1 und F_2 in der Scheibenebene belastet sein. Schneiden wir diese Scheibe diagonal durch, so wirkt auf die Schnittfläche A, die unter dem Winkel φ zu A_1 liegt, die Schnittkraft F, die mit den verbleibenden Kräften F_1 und F_2 im Gleichgewicht stehen muß, s. Abb. 8.4b.

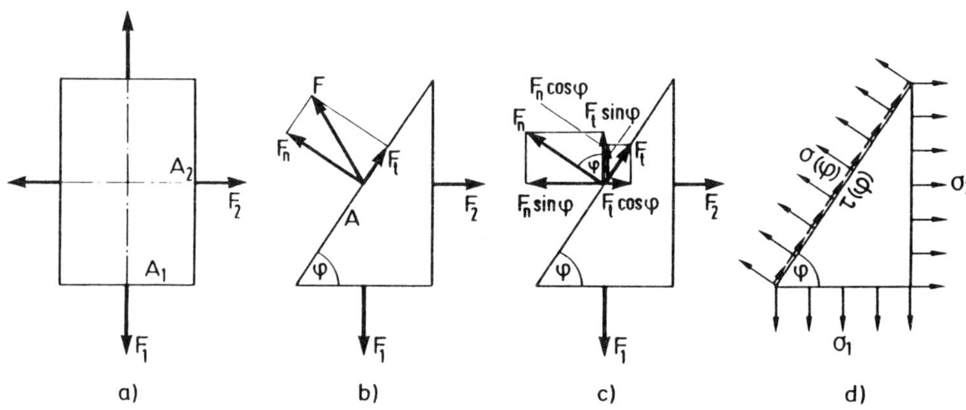

Abb. 8.4: Bestimmung der Schnittspannungen in einer Scheibe

Wir zerlegen sie in die Komponenten F_n und F_t normal und tangential zur Schnittfläche A. Um das Kräftegleichgewicht in Richtung von F_1 und F_2 anschreiben zu können, führen wir eine weitere Zerlegung durch, indem wir F_n und F_t jeweils in eine horizontale und eine vertikale Komponente aufspalten, wie in Abb. 8.4c geschehen. Die Gleichgewichtsbedingungen lauten dann:

$$\begin{aligned} F_n\,cos\varphi \;+\; F_t\,sin\varphi &= F_1 \\ F_n\,sin\varphi \;-\; F_t\,cos\varphi &= F_2 \end{aligned}$$

Wir gehen jetzt von den Kräften über auf die entsprechenden Spannungen, s. Abb. 8.4d. Es gilt

$$
\begin{aligned}
F_n &= A\,\sigma(\varphi) \\
F_t &= A\,\tau(\varphi) \\
F_1 &= A_1\,\sigma_1 = A\,cos\varphi \cdot \sigma_1 \\
F_2 &= A_2\,\sigma_2 = A\,sin\varphi \cdot \sigma_2
\end{aligned}
$$

Setzt man dies in die obige Gleichung ein, so erhält man nach Kürzen mit A die Beziehungen

$$
\begin{aligned}
\sigma(\varphi)cos\varphi + \tau(\varphi)sin\varphi &= \sigma_1 cos\varphi \\
\sigma(\varphi)sin\varphi - \tau(\varphi)cos\varphi &= \sigma_2 sin\varphi
\end{aligned}
$$

Multipliziert man die 1. Gleichung mit $cos\varphi$ und die 2. mit $sin\varphi$ und addiert beide Gleichungen, so erhält man

$$\sigma(\varphi)(cos^2\varphi + sin^2\varphi) = \sigma_1 cos^2\varphi + \sigma_2 sin^2\varphi$$

Multipliziert man die 1. Gleichung mit $sin(\varphi)$ und die 2. mit $cos(\varphi)$ und zieht die 2. von der 1. Gleichung ab, so ergibt sich

$$\tau(\varphi)(sin^2\varphi + cos^2\varphi) = (\sigma_1 - \sigma_2)sin\varphi\, cos\varphi$$

Mit den Winkelbeziehungen

$$
\begin{aligned}
sin^2\varphi + cos^2\varphi &= 1 \\
cos^2(\varphi) &= \frac{1}{2}(1 + cos2\varphi) \\
sin^2(\varphi) &= \frac{1}{2}(1 - cos2\varphi) \\
sin\varphi cos\varphi &= \frac{1}{2}sin2\varphi
\end{aligned}
$$

wird daraus

$$\begin{aligned}\sigma(\varphi) &= \frac{\sigma_1}{2}(1 + cos2\varphi) + \frac{\sigma_2}{2}(1 - cos2\varphi)\\ &= \frac{\sigma_1 + \sigma_2}{2} + \frac{\sigma_1 - \sigma_2}{2}cos2\varphi\\ \tau(\varphi) &= \frac{\sigma_1 - \sigma_2}{2}sin2\varphi\end{aligned}$$

Wir bringen die Glieder mit φ auf die rechte Seite und quadrieren beide Gleichungen:

$$\begin{aligned}\left(\sigma(\varphi) - \frac{\sigma_1 + \sigma_2}{2}\right)^2 &= \left(\frac{\sigma_1 - \sigma_2}{2}cos2\varphi\right)^2\\ \left(\tau(\varphi)\right)^2 &= \left(\frac{\sigma_1 - \sigma_2}{2}sin2\varphi\right)^2\end{aligned}$$

Addiert man beide Gleichungen, so erhält man mit $sin^2 2\varphi + cos^2 2\varphi = 1$ die Beziehung

$$\left(\sigma(\varphi) - \frac{\sigma_1 + \sigma_2}{2}\right)^2 + \tau(\varphi)^2 = \left(\frac{\sigma_1 - \sigma_2}{2}\right)^2$$

Dies ist die Gleichung des Mohrschen Spannungskreises für die Scheibe von Abb. 8.4a. Er ist in Abb. 8.5 wiedergegeben. Gegenüber dem Kreis in Abb. 8.3 ist er vom Nullpunkt weg auf der σ-Achse verschoben. Die mit $\sigma_1 (= \sigma_{max})$ und $\sigma_2 (= \sigma_{min})$ bezeichneten Hauptspannungen – die als positiv angenommen wurden – sind jetzt beide ungleich Null. Durch einen derartigen Kreis bzw. durch die beiden Hauptspannungen ist der Spannungszustand in jedem Punkt einer Scheibe vollständig bestimmt.

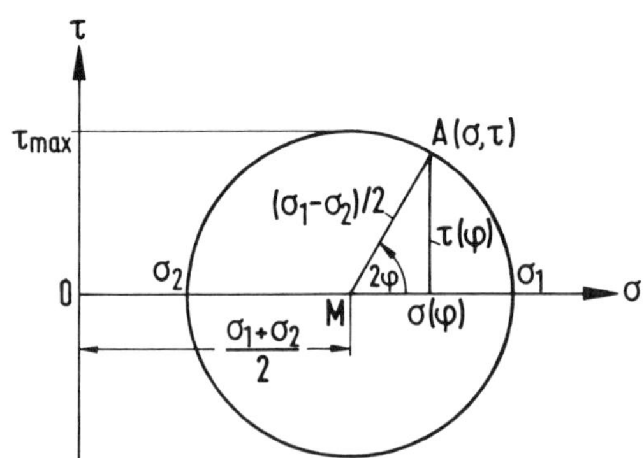

Abb. 8.5:
Mohrscher Spannungskreis für eine Scheibe unter Zugbeanspruchung

Als letzten Schritt vom "eindimensionalen", in Achsrichtung belasteten Stab über die "zweidimensionale" Scheibe mit einer in der Scheibenebene wirkenden Belastung wollen wir einen "dreidimensionalen" Körper unter einer räumlichen Belastung untersuchen. Wir betrachten dazu das in Abb. 8.6 dargestellte Volumelement, das durch die Normalspannungen σ_1, σ_2 und σ_3 beansprucht sein soll. Schneiden wir aus diesem Würfelelement eine dünne Scheibe in der durch σ_1 und σ_2 gebildete Ebene heraus, so liegen dort bezüglich der Spannungen in der Scheibenebene die gleichen Verhältnisse vor wie bei der Scheibe von Abb. 8.4.

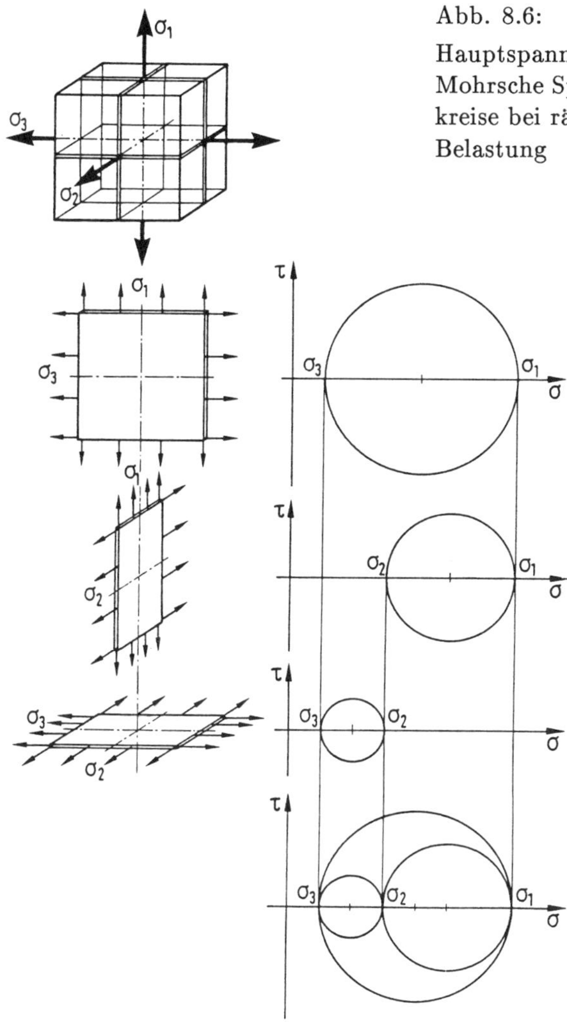

Abb. 8.6:
Hauptspannungen und Mohrsche Spannungskreise bei räumlicher Belastung

Die senkrecht zu dieser Scheibe wirkenden Spannungen σ_3 besitzen ja keine Komponente in der (σ_1, σ_2)-Ebene und haben deshalb keinen Einfluß auf die Gleichgewichtsbetrachtungen, die zu dem Mohrschen Spannungskreis von Abb. 8.5 geführt haben. Die in der (σ_1, σ_2)-Ebene wirkenden Spannungen lassen sich somit durch einen Spannungskreis mit den Hauptspannungen σ_1 und σ_2 beschreiben. Analoges gilt für die (σ_1, σ_3)- und die (σ_2, σ_3)-Ebene. Man erhält somit drei Mohrsche Spannungskreise, die sich paarweise berühren, wie in Abb. 8.6 dargestellt. Durch je zwei Hauptspannungen ist ein Spannungskreis festgelegt, und damit sind die Spannungen in jeder Richtung der betreffenden Ebene bestimmt. Für den allgemeinsten Beanspruchungsfall gibt es also drei Hauptspannungen. Üblicherweise bezeichnet man die algebraisch größte Hauptspannung mit σ_1, die algebraisch kleinste mit σ_3, so daß $\sigma_1 > \sigma_2 > \sigma_3$ ist. Da die beiden Hauptspannungen eines Spannungskreises jeweils unter dem Winkel $2\varphi = 180^o$ zueinander erscheinen, bilden die drei Hauptspannungen ein orthogonales Achsensystem: $\sigma_1 \perp \sigma_2 \perp \sigma_3$.

Durch die Angabe der drei Hauptspannungen ist jeder Spannungszustand vollständig bestimmt. Man benützt daher die Hauptspannungen zur Klassifizierung von Spannungszuständen: Der Spannungszustand heißt einachsig, wenn nur eine, zweiachsig oder eben, wenn zwei, und dreiachsig oder räumlich, wenn alle drei Hauptspannungen ungleich Null sind. Abb. 8.7 zeigt als Beispiel die Mohrschen Spannungskreise für je einen ein-, zwei- und dreiachsigen Spannungszustand.

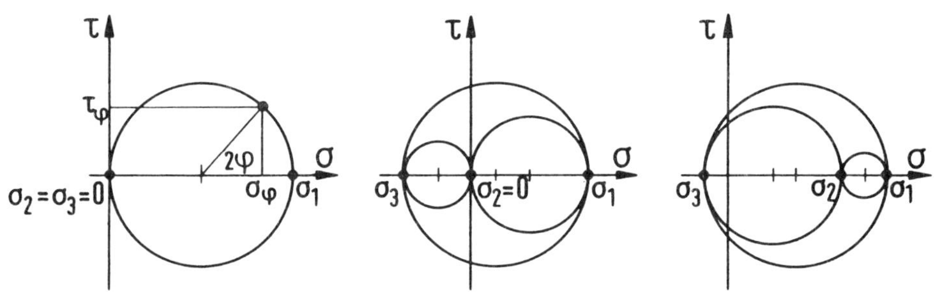

Abb. 8.7: Mohrsche Spannungskreise für ein-, zwei- und dreiachsigen Spannungszustand

Nach dieser Festlegung ist, wie aus Abb. 8.8 ersichtlich, der Spannungszustand bei den Grundbelastungsfällen Zug, Druck und Biegung stets einachsig. Bei Zug und Druck gilt für jeden Punkt des Querschnitts wegen der homogenen Spannungsverteilung der gleiche Spannungskreis, während sich bei der Biegung dessen Größe mit der linearen Spannungsverteilung ändert. In Abb. 8c sind die Spannungskreise für die Randfasern mit den Spannungen σ_b bzw. $-\sigma_b$ eingezeichnet.

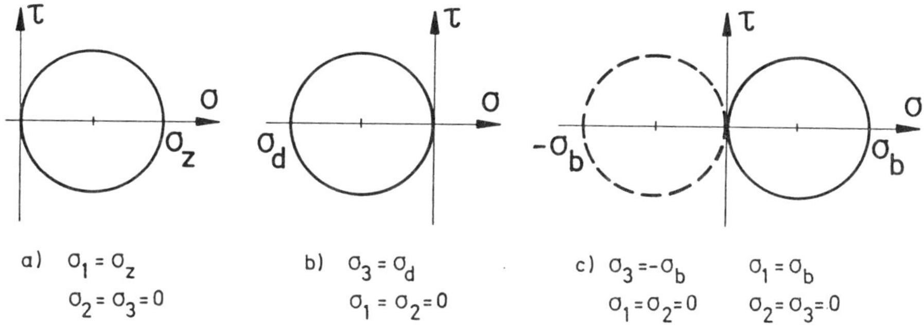

Abb. 8.8: Mohrsche Spannungskreise
a) Zug b) Druck c) Biegung

8.2.1 Beispiel: Torsion

Wie sehen die Mohrschen Spannungskreise für einen kreiszylindrischen Stab unter Torsion aus? Welcher Spannungszustand liegt vor?

Um einen Mohrschen Spannungskreis konstruieren zu können, braucht man genügend Kreispunkte, d.h. Schnittflächen mit den zugehörigen Spannungen σ und τ. Für welche Schnitte kennen wir die Spannungen? Aus Abschnitt 5.1 wissen wir, daß bei einem durch das Torsionsmoment M_t beanspruchten kreiszylindrischen Stab in Querschnittsflächen Schubspannungen und in Längsschnittflächen zugeordnete Schubspannungen auftreten. Sie erreichen ihre Höchstwerte $\tau_t = M_t/W_t$ am Rand. Denkt man sich aus einem solchen Stab ein quadratisches Oberflächenelement mit der Dicke 1 durch Schnitte parallel und senkrecht zur Stabachse herausgeschnitten (s. Skizze a)), so wirken an seinen Schnittflächen zwei Paar einander zugeordneter Schubspannungen von der Größe τ_t. Normalspannungen treten dort nicht auf. Jede Schnittfläche ist also beansprucht durch $\sigma = 0$, $\tau = \tau_t$. Für die Übertragung dieser Wertepaare in den Mohrschen Spannungskreis muß man die Schubspannungen mit einem Vorzeichen versehen. Es ist – im Gegensatz zum Vorzeichen bei den Normalspannungen – ohne physikalische Bedeutung, aber aus formalen Gründen nötig. Man legt es nach folgender Regel fest: Liegt die zugehörige Schnittfläche, in Richtung der Schubspannung gesehen, rechts, so ist τ positiv, liegt sie links, ist τ negativ. Danach ist die zur Schnittfläche a des Elements gehörige Schubspannung positiv, die zur Schnittfläche b gehörige negativ zu nehmen.

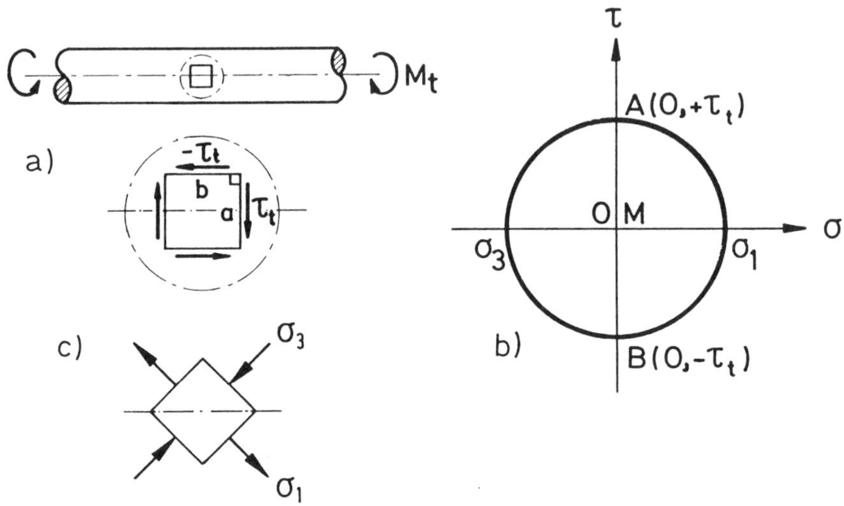

Die Schnittfläche a wird somit durch den Punkt A $(0, +\tau_t)$, die Schnittfläche b durch den Punkt B $(0, -\tau_t)$ repräsentiert. Da diese beiden Schnittflächen im "Lageplan" einen Winkel von 90° einschließen, müssen die Punkte A und B im Mohrschen Spannungskreis unter einem Winkel von $2 \cdot 90^o = 180^o$ gegeneinander erscheinen, also auf einem Durchmesser liegen. Das bedeutet, daß der Mittelpunkt des Spannungskreises mit dem Ursprung des (σ, τ)-Achsenkreuzes zusammenfällt (s. Skizze b)). Dieser Spannungskreis mit den beiden Hauptspannungen σ_1 und $\sigma_3 = -\sigma_1$ beschreibt den Spannungszustand in der durch σ_1 und σ_3 aufgespannten Tangentialebene zur Oberfläche des Stabes. Da die Staboberfläche aber lastfrei ist, kann senkrecht zur (σ_1, σ_3)-Ebene – also in Richtung der noch fehlenden Hauptspannung σ_2 – keine Normalspannungen wirken. Mithin ist $\sigma_2 = 0$ und der Spannungszustand zweiachsig.

Aus der Skizze b) ist weiterhin abzulesen, daß $\sigma_1 = |\sigma_3| = \tau_t$ ist und daß die Hauptspannungen σ_1 (Zug) und σ_3 (Druck) unter $\pm\, 45^o$ zur Richtung von τ_t auftreten. Würde man das Element von Skizze a) um 45° gedreht herausschneiden, wie in Skizze c) dargestellt, so wären seine Schnittflächen auf Zug durch σ_1 bzw. Druck durch σ_3 beansprucht. Die Beanspruchung der Fälle a) und c) ist also völlig gleichwertig.

8.3 Verallgemeinertes Hookesches Gesetz

Wir hatten das Hookesche Gesetz kennengelernt beim Zugversuch, wo der Spannungszustand einachsig ist. Wir wollen es jetzt auf den allgemeinen Fall des dreiachsigen Spannungszustandes erweitern. Dazu betrachten wir das in Abb. 8.9 dargestellte würfelförmige Element, das aus einem belasteten Körper so herausgeschnitten sein soll, daß seine Kanten parallel zu einem (x, y, z)-Koordinatensystem sind. Ferner sei zunächst angenommen, daß die Würfelflächen Hauptschnitte sind, so daß dort keine Schubspannungen auftreten.

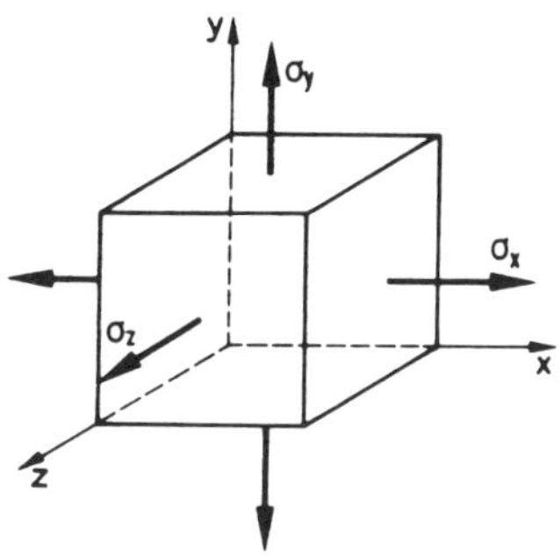

Abb. 8.9: Element mit Normalspannungen

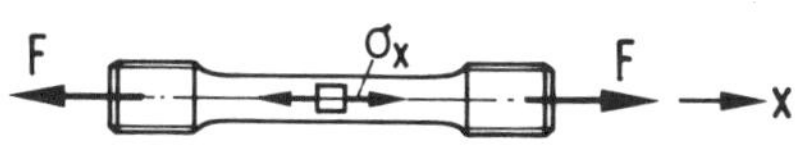

Abb. 8.10: Zugstab

Stammt das Element aus einem Zugstab, dessen Achse mit der x-Achse zusammenfällt und der in der x-Richtung belastet wird wie in Abb. 8.10, so gilt für die Spannungen im elastischen Zustand des Werkstoffs

$$\sigma_x = E\,\varepsilon_x \qquad \sigma_y = 0 \qquad \sigma_z = 0$$

Die Dehnungen ergeben sich für die x-Richtung aus dem Hookeschen Gesetz und für die y- und z-Richtung, die bezüglich der x-Richtung Querrichtungen sind, aus dem Poissonschen Gesetz $\varepsilon_q = -\mu\,\varepsilon_l$ zu

$$\varepsilon_x = \frac{\sigma_x}{E} \qquad \varepsilon_y = -\mu \cdot \frac{\sigma_x}{E} \qquad \varepsilon_z = -\mu \cdot \frac{\sigma_x}{E}$$

Damit kennen wir für den einachsigen Spannungszustand, wie er im Zugversuch herrscht, alle Spannungs- und Dehnungskomponenten. Wir wollen nun auf den dreiachsigen Spannungszustand von Abb. 8.9 übergehen. Die Dehnungen in x-, y- und z-Richtung, die sich unter der Wirkung der Spannungen σ_x, σ_y und σ_z einstellen, bestimmen wir als Überlagerung ("Superposition") dreier Fälle von jeweils einachsiger Beanspruchung in x-, y- und z-Richtung.

Wenn die Spannung σ_x allein wirken würde, so hätte man die oben schon angegebenen Dehnungen

$$\varepsilon_x = \frac{\sigma_x}{E} \qquad \varepsilon_y = \varepsilon_z = -\mu\frac{\sigma_x}{E}$$

Wäre nur σ_y vorhanden, so ergäbe sich

$$\varepsilon_y = \frac{\sigma_y}{E} \qquad \varepsilon_x = \varepsilon_z = -\mu\frac{\sigma_y}{E}$$

und würde nur σ_z wirken, so wäre

$$\varepsilon_z = \frac{\sigma_z}{E} \qquad \varepsilon_x = \varepsilon_y = -\mu\frac{\sigma_z}{E}$$

Wenn nun die Spannungen σ_x, σ_y und σ_z gleichzeitig wirken, so ergibt sich die Dehnung in x-Richtung als Summe der einzelnen Anteile, die von σ_x, σ_y und σ_z herrühren, zu

$$\varepsilon_x = \frac{\sigma_x}{E} - \mu\frac{\sigma_y}{E} - \mu\frac{\sigma_z}{E}$$

In gleicher Weise kann man die Dehnungen in y- und z-Richtung bestimmen. Zusammengefaßt erhält man somit die folgenden drei Gleichungen, durch die der Zusammenhang zwischen Normalspannungen und Dehnungen im elastischen Zustand gegeben ist:

$$\begin{aligned}
\varepsilon_x &= \frac{1}{E}\left[\sigma_x - \mu\left(\sigma_y + \sigma_z\right)\right] \\
\varepsilon_y &= \frac{1}{E}\left[\sigma_y - \mu\left(\sigma_x + \sigma_z\right)\right] \\
\varepsilon_z &= \frac{1}{E}\left[\sigma_z - \mu\left(\sigma_x + \sigma_y\right)\right]
\end{aligned}$$

Man nennt dieses Gleichungssystem das (auf dreiachsige Spannungszustände) verallgemeinerte Hookesche Gesetz. Löst man es nach den Spannungen auf, so erhält man mit der Abkürzung e = $\varepsilon_x + \varepsilon_y + \varepsilon_z$ (Volumdehnung) als gleichwertige Formulierung die Beziehungen

$$\begin{aligned}\sigma_x &= \frac{E}{1+\mu}\left[\varepsilon_x + \frac{\mu}{1-2\mu}e\right]\\ \sigma_y &= \frac{E}{1+\mu}\left[\varepsilon_y + \frac{\mu}{1-2\mu}e\right]\\ \sigma_z &= \frac{E}{1+\mu}\left[\varepsilon_z + \frac{\mu}{1-2\mu}e\right]\end{aligned}$$

Wir haben das verallgemeinerte Hookesche Gesetz einfach durch Addition der zusammengehörigen Dehnungsanteile aus drei Fällen mit jeweils einachsigem Spannungszustand bekommen. Die Anwendung dieses "Superpositionsprinzips" ist nur dann zulässig, wenn ein linearer Zusammenhang zwischen Belastung und Verformung besteht. Diese Voraussetzung ist bei metallischen Werkstoffen im elastischen Bereich erfüllt, wie die entsprechenden Spannungs-Dehnungs-Diagramme des Zugversuchs zeigen.

In Abb 8.9 hatten wir angenommen, daß die Würfelflächen Hauptschnitte und die Spannungen σ_x, σ_y und σ_z somit zugleich die Hauptspannungen σ_1, σ_2 und σ_3 waren. Ist diese Annahme nicht erfüllt, so gelten zwar die Gleichungen des verallgemeinerten Hookeschen Gesetzes weiterhin, aber zusätzlich treten dann in den Würfelflächen Schubspannungen auf, die an dem Würfel Schiebungen erzeugen. In jeder Würfelfläche kann eine beliebig gerichtete Schubspannung wirken, die sich in zwei zu den Koordinatenrichtungen der Fläche parallele Komponenten zerlegen läßt, wie in Abb. 8.11 gezeigt.

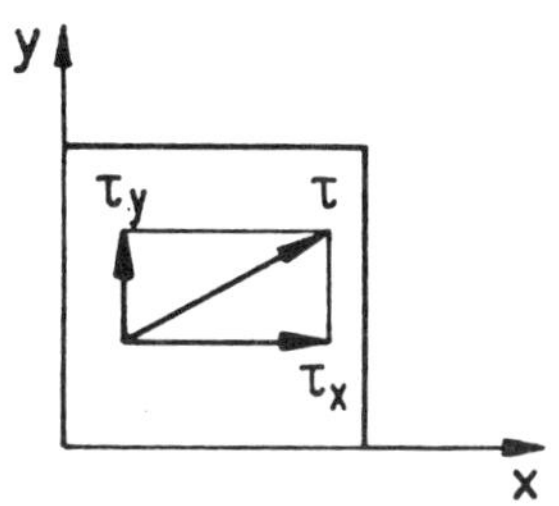

Abb. 8.11: Zerlegung der Schubspannungen

(Diese vektorielle Aufspaltung ist an sich nur bei Kräften, nicht bei Spannungen zulässig. Da sich hier aber das zugehörige Flächenelement nicht ändert, kann man die Schubspannungen wie Kräfte behandeln). Zur eindeutigen Kennzeichnung der

Schubspannungskomponenten reicht ein Index aber nicht aus, vielmehr sind zwei Indices nötig: Der erste Index gibt die Richtung der Flächennormalen – und damit die Lage der Schnittfläche – an, der zweite die Richtung der Schubspannung.

Damit hätte man sechs verschiedene Schubspannungen, nämlich τ_{xy}, τ_{yx}, τ_{yz}, τ_{zy}, τ_{zx}, τ_{xz}. Da aber die Schubspannungen mit gleichen Indices einander zugeordnete Schubspannungen sind – sie wirken in Schnittflächen, die senkrecht aufeinander stehen und zeigen entweder auf die gemeinsame Schnittkante zu oder von ihr weg – gilt $\tau_{xy} = \tau_{yx}$, $\tau_{yz} = \tau_{zy}$ und $\tau_{zx} = \tau_{xz}$. Es existieren daher nur drei voneinander verschiedene Schubspannungen. In Abb 8.12 sind diese Schubspannungen – ohne Normalspannungen – am Würfelelement eingezeichnet.

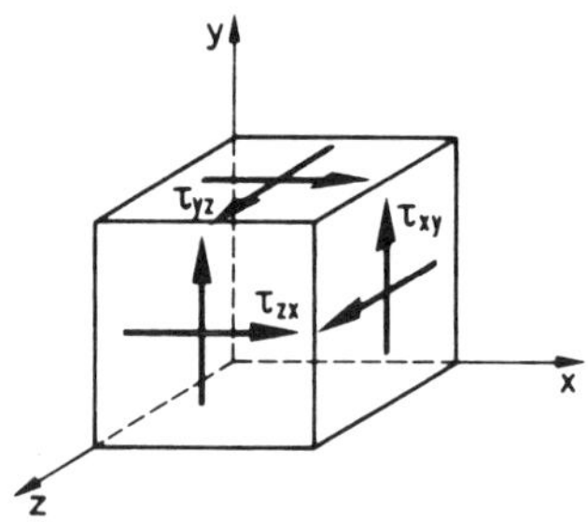

Abb. 8.12: Element mit Schubspannungen

Jede dieser Schubspannungen ist mit der zugehörigen Schiebung verknüpft durch eine lineare Beziehung, die wir beim Grundbelastungsfall Schub kennengelernt hatten als Elastizitätsgesetz für Schubbeanspruchung. Wir erhalten somit – analog zum verallgemeinerten Hookeschen Gesetz – ebenfalls drei Gleichungen für den Zusammenhang zwischen Schubspannungen und Schiebungen. Sie lauten:

$$\begin{aligned} \tau_{xy} &= G\,\gamma_{xy} \\ \tau_{yz} &= G\,\gamma_{yz} \\ \tau_{zx} &= G\,\gamma_{zx} \end{aligned}$$

Dabei ist die Schiebung γ_{xy} die Änderung des ursprünglich rechten Winkels, der von den zur x- bzw. y-Achse senkrechten Würfelflächen eingeschlossen wird, hervorgerufen durch die in diesen Flächen wirkenden (zugeordneten) Schubspannungen τ_{xy} und τ_{yx}. Analoges gilt für γ_{yz} und γ_{zx}. Im Gegensatz zum verallgemeinerten Hookeschen Gesetz, wo die Dehnungen jeweils von allen drei Normalspannungen beeinflußt werden, ist jede Schiebung nur von der direkt zugehörigen Schubspannung abhängig, also z.B. γ_{xy} nur von τ_{xy}, nicht aber von τ_{yz} oder τ_{zx}. Weiterhin besteht keine gegenseitige Abhängigkeit zwischen dem verallgemeinerten Hookeschen Gesetz und dem "verallgemeinerten" Elastizitätsgesetz für Schub. Anders gesagt: Normalspannungen erzeugen nur Dehnungen, aber keine Schiebungen, und Schubspannungen bewirken nur Schiebungen, aber keine Dehnungen. Aus diesem Grund ist die getrennte Betrachtung von Normal- und Schubspannungen zulässig, auch wenn die Normalspannungen nicht zugleich Hauptspannungen sind, wie zunächst angenommen.

Bei der Herleitung des verallgemeinerten Hookeschen Gesetzes waren wir vom einachsigen gleich auf den dreiachsigen Spannungszustand übergegangen. Da in technischen Bauteilen häufig ein zweiachsiger (oder ebener) Spannungszustand vorliegt, soll das Hookesche Gesetz schließlich noch für diesen Fall angegeben werden. Man erhält es einfach dadurch, daß man in den Gleichungen für den dreiachsigen Spannungszustand eine Normalspannung gleich Null setzt. So ergeben sich z.B. für $\sigma_z = 0$ die Dehnungen

$$
\begin{aligned}
\varepsilon_x &= \frac{1}{E}(\sigma_x - \mu\sigma_y) \\
\varepsilon_y &= \frac{1}{E}(\sigma_y - \mu\sigma_x) \\
\varepsilon_z &= -\frac{\mu}{E}(\sigma_x + \sigma_y)
\end{aligned}
$$

Nach den Spannungen aufgelöst erhält man die Beziehungen

$$
\begin{aligned}
\sigma_x &= \frac{E}{1-\mu^2}(\varepsilon_x + \mu\varepsilon_y) \\
\sigma_y &= \frac{E}{1-\mu^2}(\varepsilon_y + \mu\varepsilon_x) \\
\sigma_z &= 0
\end{aligned}
$$

Diese Gleichungen spielen in der Dehnungsmeßtechnik eine besondere Rolle. Dehnungsmessungen können nur an der Oberfläche eines Bauteils vorgenommen werden. Betrachtet man das betreffende Oberflächenstück als Teil einer (x, y)-Ebene, so ist für eine lastfreie Oberfläche – das ist der Regelfall – $\sigma_z = 0$. Man kann dann aus den Dehnungen ε_x und ε_y, die in zwei zueinander senkrechten Richtungen gemessen wurden, die entsprechenden Spannungen σ_x und σ_y nach den obigen Gleichungen errechnen.

8.3.1 Beispiel: Scheibe

An der Oberfläche einer rechteckigen Scheibe aus Stahl mit den Seiten $a = 210\,\text{mm}$, $b = 125\,\text{mm}$ und der Dicke $s = 6\,\text{mm}$, die durch die Kräfte F_x und F_y belastet ist (s.Skizze), werden die Dehnungen $\varepsilon_x = 0{,}0743\,\%$ und $\varepsilon_y = 0{,}0124\,\%$ gemessen.

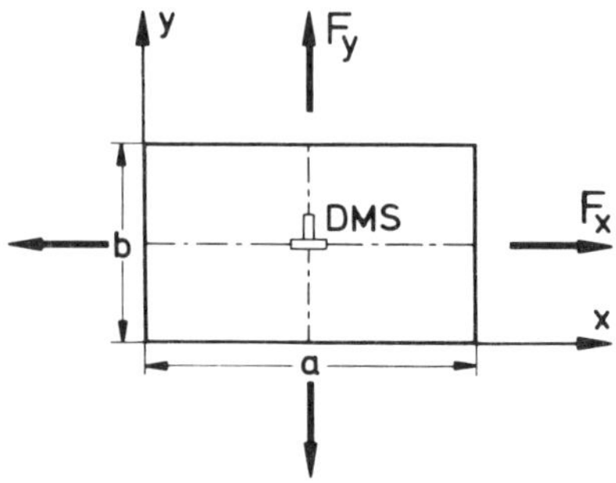

a) Wie groß sind die Spannungen σ_x und σ_y in der Scheibe sowie die Kräfte F_x und F_y?

b) Man zeichne den Mohrschen Spannungskreis für den durch σ_x, σ_y und $\tau_{xy} = 0$ bestimmten Spannungszustand in der Scheibe. Wie groß sind die Normal- und Schubspannungen in den beiden diagonalen Schnittflächen der Scheibe ?

a) In der Scheibe herrscht ein zweiachsiger homogener Spannungszustand. Somit betragen die Spannungen

$$\begin{aligned}
\sigma_x &= \frac{E}{1-\mu^2}(\varepsilon_x + \mu\varepsilon_y) = \frac{2{,}1\cdot 10^5}{1-0{,}3^2}(0{,}0743 + 0{,}3\cdot 0{,}0124)\cdot 10^{-2} \\
&= 180\,\text{N/mm}^2 \\
\sigma_y &= \frac{E}{1-\mu^2}(\varepsilon_y + \mu\varepsilon_x) = \frac{2{,}1\cdot 10^5}{1-0{,}3^2}(0{,}0124 + 0{,}3\cdot 0{,}0743)\cdot 10^{-2} \\
&= 80\,\text{N/mm}^2
\end{aligned}$$

und die Kräfte

$$\begin{aligned}
F_x &= b\,s\,\sigma_x = 125\cdot 6\cdot 180 = 135\,000\,\text{N} \\
F_y &= a\,s\,\sigma_y = 210\cdot 6\cdot 80 = 100\,800\,\text{N}
\end{aligned}$$

b) Wegen $\tau_{xy} = 0$ sind σ_x und σ_y Hauptspannungen:

$$\begin{aligned}
\sigma_x &= \sigma_1 = 180\,\text{N/mm}^2 \\
\sigma_y &= \sigma_2 = 80\,\text{N/mm}^2
\end{aligned}$$

Damit läßt sich der Mohrsche Spannungskreis direkt zeichnen (s. Skizze).

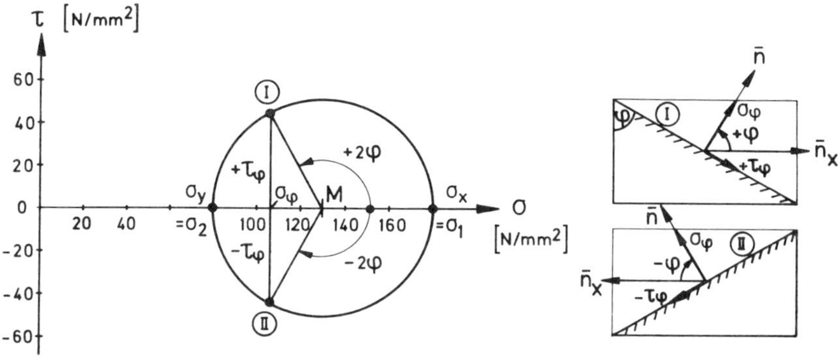

Die Normalenvektoren $\bar{n}$ der beiden Diagonalen bilden mit $\bar{n}_x$ bzw. der x-Richtung die Winkel $\pm\varphi$ (s. Skizze). Aufgrund der geometrischen Verhältnisse ist

$$tan\varphi = \frac{a}{b} = \frac{210}{125} = 1,68 \longrightarrow \varphi = 59^o 15'$$

Damit kann man aus dem Mohrschen Spannungskreis die Spannungen in den Diagonalschnitten ablesen. Dazu geht man vom Punkt $(\sigma_x, 0)$ aus auf dem Kreis um den Winkel $\pm 2\varphi = \pm 118,5^o$ weiter. Die dabei erreichten Punkte I und II repräsentieren die gesuchten Spannungen. Demnach ist abzulesen für die

Diagonale I: $\sigma_\varphi = 106\,\mathrm{N/mm}^2$ $\quad\tau_\varphi = 44\,\mathrm{N/mm}^2$
Diagonale II: $\sigma_\varphi = 106\,\mathrm{N/mm}^2$ $\quad\tau_\varphi = -44\,\mathrm{N/mm}^2$

Aus den geometrischen Gegebenheiten des Mohrschen Spannungskreises kann man diese Spannungen auch errechnen. Es ist

$$\sigma_\varphi = \frac{\sigma_1 + \sigma_2}{2} + \frac{\sigma_1 - \sigma_2}{2} cos\,2\varphi = 106,2\,\mathrm{N/mm}^2$$

$$\tau_\varphi = \frac{\sigma_1 - \sigma_2}{2} sin\,2\varphi = \pm 43,9\,\mathrm{N/mm}^2$$

8.4 Festigkeitshypothesen

Um den Festigkeitsnachweis eines Bauteils zu führen, müssen wir die Festigkeitsbedingung $\sigma \leq \sigma_{zul}$ erfüllen. Die Spannung σ ist dabei das Maß für die durch die äußere Belastung hervorgerufene innere Beanspruchung. Bisher hatten wir es meist mit einachsigen Spannungszuständen – bei Zug, Druck, Biegung – zu tun, so daß man die wirkende Spannung $\sigma = \sigma_1$ direkt mit der zulässigen Spannung $\sigma_{zul} = K/S$ vergleichen konnte, da der jeweils in Frage kommende Werkstoffkennwert – R_e, R_m, σ_W – ja ebenfalls unter einachsiger Beanspruchung im Zugversuch bzw. Dauerschwingversuch bestimmt wird.

Was aber ist zu tun, wenn das zu berechnende Bauteil durch einen mehrachsigen (zwei- oder dreiachsigen) Spannungszustand beansprucht wird? Entsprechende Werkstoffkennwerte, die unter mehrachsiger Beanspruchung ermittelt wurden, stehen i.allg. nicht zur Verfügung. Es ist wegen der unendlichen Vielfalt an denkbaren Spannungszuständen praktisch auch gar nicht möglich, solche Kennwerte zu bestimmen. Man muß daher den umgekehrten Weg gehen und versuchen, den von der äußeren Belastung erzeugten realen mehrachsigen Spannungszustand auf einen festigkeitsmäßig äquivalenten, fiktiv einachsigen Spannungszustand zu überführen. Dies tun die Festigkeitshypothesen. Mit ihrer Hilfe kann man aus den einzelnen Komponenten des jeweils herrschenden Spannungszustandes – also z.B. aus den Hauptspannungen – einen einzigen Spannungswert, die sog. Vergleichsspannung σ_v errechnen. Sie gilt in Bezug auf das Festigkeitsverhalten des Werkstoffs als gleichwertig wie die (Haupt-) Spannung bei einachsiger Beanspruchung. Die Vergleichsspannung kann dann wieder direkt der zulässigen Spannung des Werkstoffs gegenübergestellt werden. Die Festigkeitsbedingung bei mehrachsigem Spannungszustand lautet somit

$$\sigma_v \leq \sigma_{zul}$$

Es gibt eine ganze Reihe von Festigkeithypothesen und demzufolge verschiedene Möglichkeiten, die Vergleichsspannung zu errechnen. Die einzelnen Hypothesen unterscheiden sich voneinander in der Erklärung, die sie für das Versagen des Werkstoffs bei Erreichen der jeweiligen Festigkeitsgrenze geben. Da die Versagensart durch die Art der Beanspruchung – z.B. Biegung oder Torsion – und deren zeitlichen Verlauf – statisch oder schwingend – sowie durch die Werkstoffeigenart – zäh oder spröd – bestimmt wird, ist der Anwendungsbereich der einzelnen Festigkeitshypothesen weitgehend festgelegt. Die heute gebräuchlichen Festigkeitshypothesen sind:

1. Normalspannungshypothese (NH)
Nach der NH ist für die Beanspruchung des Werkstoffs allein die betragsmäßig größte Normalspannung maßgebend. Die Vergleichsspannung beträgt daher

$$\sigma_v = |\sigma_{max}| = \sigma_1 \text{ bzw. } \sigma_3$$

Ein durch Normalspannungen verursachtes Versagen vollzieht sich in Form einer Werkstofftrennung senkrecht zur Richtung der größten Hauptspannung, äußerlich gesehen durch einen verformungslosen Trennbruch oder Schwingungsbruch. Der

Versagensfall tritt bei statischer Beanspruchung ein, sobald σ_1 die Zugfestigkeit R_m bzw. σ_3 die Druckfestigkeit σ_{dB} erreicht, und bei schwingender Beanspruchung, wenn die auftretende Spannungsamplitude σ_{a1} gleich der ertragbaren Spannungsamplitude σ_A wird.

Die Normalspannungshypothese wird angewandt, sofern mit einem Bruch ohne vorherige plastische Verformung zu rechnen ist. Dies ist der Fall, wenn der Werkstoff von Natur aus nicht oder nur wenig verformungsfähig, also spröde ist, oder wenn die Verformungsmöglichkeit des Bauteils unter den gegebenen Bedingungen (z.B. bei gleich oder nahezu gleich großem Zug nach allen Richtungen) stark eingeschränkt ist.

2. Schubspannungshypothese (SH)
Nach der SH ist für die Beanspruchung des Werkstoffs die größte auftretende Schubspannung maßgebend. Die Belastung ist demnach erschöpft, wenn die maximale Schubspannung τ_{max} einen werkstoffeigenen kritischen Wert τ_K erreicht. Die Versagensbedingung lautet also $\tau_{max} = \tau_K$. Dies ist in dem (σ, τ)-Diagramm der Abb. 8.13 eine horizontale Gerade. Jeder Spannungszustand, dessen (größter) Mohrscher Kreis diese Grenzlinie berührt, führt nach der Schubspannungshypothese zum Versagen.

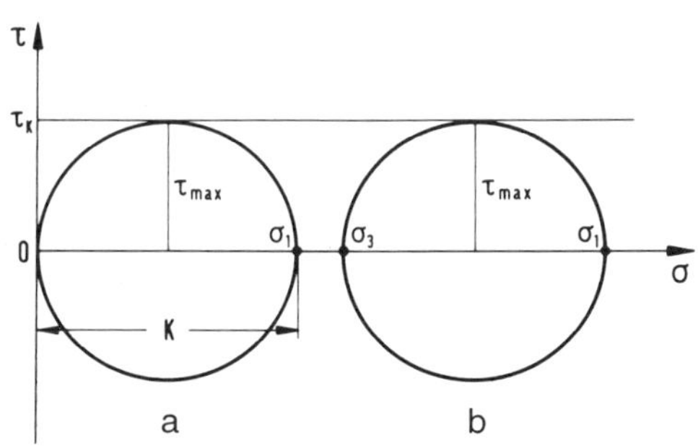

Abb. 8.13: Mohrsche Spannungskreise für einachsigen und mehrachsigen Spannungszustand

Bei einachsiger Beanspruchung (Kreis a) ist $\tau_{max} = \sigma_1/2$. Der Werkstoff versagt, wenn $\tau_{max} = \tau_K$ ist. Die kritische Schubspannung beträgt $\tau_K = K/2$, wobei K für den jeweils zutreffenden, als Normalspannung gemessenen Werkstoffkennwert steht. Für den Versagensfall gilt also $\sigma_1 = K$. Unter einem mehrachsigen Spannungszustand (Kreis b) ist $\tau_{max} = (\sigma_1 - \sigma_3)/2$. Für den Versagensfall $\tau_{max} = \tau_K$

gilt dann, weil $\tau_K = K/2$ ist, $\sigma_1 - \sigma_3 = K$. Da die Vergleichsspannung σ_v der Hauptspannung σ_1 bei einachsigem Spannungszustand gleichwertig sein soll, erhält man nach der Schubspannungshypothese die Vergleichsspannung

$$\sigma_v = \sigma_1 - \sigma_3 = \sigma_{max} - \sigma_{min} \,(= 2\tau_{max})$$

Die Schubspannungshypothese geht von der Vorstellung aus, daß das Versagen des Werkstoffs durch irreversible Abgleitungen von Gitterebenen erfolgt, welche durch Schubspannungen ausgelöst werden. Der Werkstoff versagt somit durch plastisches Fließen, sobald die Vergleichsspannung σ_v die Streckgrenze R_e bzw. sobald die Vergleichsspannungsamplitude σ_{va} die ertragbare Spannungsamplitude σ_A erreicht. Da die Versagensursache im Auftreten plastischer Verformungen gesehen wird, ist die Schubspannungshypothese auf zähe Werkstoffe anwendbar.

3. Gestaltänderungsenergiehypothese (GEH)

Nach der GEH ist für die Werkstoffbeanspruchung die in einem elastisch verformten Körperelement gespeicherte Gestaltänderungsenergie maßgebend. Sobald sie einen werkstoffabhängigen Grenzwert erreicht, der sich aus dem Vergleich mit der einachsigen Beanspruchung im Zugversuch ergibt, versagt der Werkstoff durch das Auftreten plastischer Formänderungen. Drückt man diesen Grenzwert der Gestaltänderungsenergie in den Hauptspannungen aus, so kommt man auf die Vergleichsspannung

$$\sigma_v = \frac{1}{\sqrt{2}}\sqrt{(\sigma_1 - \sigma_2)^2 + (\sigma_2 - \sigma_3)^2 + (\sigma_3 - \sigma_1)^2}$$

Der Gestaltänderungsenergiehypothese liegt die Vorstellung zugrunde, daß jeder Werkstoff nur eine begrenzte Speicherfähigkeit für die zu elastischen Gestaltänderungen verwendete Energie besitzt. Sobald diese erschöpft ist, wird die geometrische Gestalt des Körpers durch Schiebungen plastisch verändert. Der Werkstoff versagt demnach, wenn die Vergleichsspannung σ_v die Streckgrenze R_e bzw. wenn die Vergleichsspannungsamplitude σ_{va} die ertragbare Spannungsamplitude σ_A erreicht. Nach der Gestaltänderungsenergiehypothese liegt die Versagensursache – wie bei der Schubspannungshypothese – im Auftreten plastischer Verformungen; sie wird deshalb ebenfalls bei zähen Werkstoffen angewandt.

Schubspannungshypothese und Gestaltänderungsenergiehypothese gehen von ähnlichen Vorstellungen aus. Sie kommen deshalb auch zu ähnlichen Ergebnissen. Man kann zeigen, daß für alle nur möglichen Kombinationen aus σ_1, σ_2 und σ_3 stets

$$\frac{\sigma_v(SH)}{\sigma_v(GEH)} = 1 \div 1{,}155$$

ist. Der größte Unterschied beträgt also 15,5%, wobei immer σ_v (SH) $\geq \sigma_v$(GEH) ist. Obwohl die Gestaltänderungsenergiehypothese experimentell besser bestätigt ist als die Schubspannungshypothese, wird letztere noch häufig angewandt, da man mit ihr meist einfacher rechnet und allenfalls einen geringen Fehler zur sicheren Seite hin begeht.

In Tab. 8.1 sind die Vergleichsspannungen, wie sie sich nach den beschriebenen Festigkeitshypothesen für drei- und zweiachsigen Spannungszustand ergeben, noch einmal zusammengestellt.

Beim dreiachsigen Spannungszustand bestimmt man die Vergleichsspannung üblicherweise aus den drei Hauptspannungen, weil das hier am einfachsten ist. Für den zweiachsigen Spannungszustand mit $\sigma_3 = 0$ sind die Vergleichsspannungen sowohl in der aus den beiden Hauptspannungen σ_1 und σ_2 als auch in der aus den drei Spannungskomponenten σ_x, σ_y und τ_{xy} errechneten Form angegeben. Ist schließlich auch $\sigma_y = 0$, so hat man den häufig vorkommenden Sonderfall einer aus Biegung (oder Zug oder Druck) und Torsion (oder Schub) zusammengesetzten Beanspruchung. Hierfür errechnet man die Vergleichsspannung zweckmäßigerweise direkt aus den Spannungskomponenten σ_b und τ_t – wie in der letzten Spalte von Tabelle 8.1 angegeben –, weil diese sich unmittelbar aus der äußeren Belastung ergeben.

Der Anwendungsbereich der verschiedenen Festigkeitshypothesen ist zwar durch die zugrunde liegenden theoretischen Vorstellungen schon mehr oder weniger vorgezeichnet. Ob und wie gut die Aussage einer bestimmten Hypothese mit dem realen Werkstoffverhalten übereinstimmt, läßt sich letztlich aber nur durch entsprechende experimentelle Überprüfungen entscheiden. Die einfachste Möglichkeit hierzu besteht darin, die Streckgrenze R_e im Zugversuch und die Fließgrenze τ_{tF} im Torsionsversuch zu bestimmen und miteinander zu vergleichen. Für den Versagensfall Fließen gilt allgemein $\sigma_v = R_e$. Unter einer kombinierten Biege- und Torsionsbelastung ist dann gemäß Tab. 8.1, letzte Spalte, nach der GEH

$$\sqrt{\sigma_b^2 + 3\,\tau_t^2} = R_e$$

Dies gilt für beliebige Werte σ_b und τ_t, also auch für $\sigma_b = 0$. Damit erhält man für den Fließbeginn unter reiner Torsion die Beziehung

$$\sqrt{3} \cdot \tau_t = R_e$$

Die nach der GEH errechnete Torsionsfließgrenze beträgt somit

$$\tau_{tF}(GEH) = R_e/\sqrt{3} = 0{,}58 R_e$$

(vgl. auch Abschnitt 5.2). Nach der SH ergibt sich auf die gleiche Weise

$$\tau_{tF}(SH) = 0{,}5\,R_e$$

Tab. 8.1: Vergleichsspannung nach NH, SH, und GEH für zwei- und dreiachsigen Spannungszustand

Festigkeits-hypothese	Spannungszustand			
	dreiachsig $\sigma_1;\ \sigma_2;\ \sigma_3$	zweiachsig $\sigma_1;\ \sigma_2;\ \sigma_3 = 0^{+)}$	$\sigma_x;\ \sigma_y;\ \tau_{xy}$	$\sigma_b;\ \tau_t$
Normalspannungs-hypothese (NH)	σ_1 (Zug) bzw. σ_3 (Druck)	σ_1	$\frac{\sigma_x + \sigma_y}{2} + \frac{1}{2}\sqrt{(\sigma_x - \sigma_y)^2 + 4\tau_{xy}^2}$	$\frac{\sigma_b}{2} + \frac{1}{2}\sqrt{\sigma_b^2 + 4\tau_t^2}$
Schubspannungs-hypothese (SH)	$\sigma_1 - \sigma_3 (= 2\tau_{max})$	$\sigma_{max} (= 2\tau_{max})$	$\sqrt{(\sigma_x - \sigma_y)^2 + 4\tau_{xy}^2}^{++)}$	$\sqrt{\sigma_b^2 + 4\tau_t^2}$
Gestaltänderungs-energiehypothese(GEH)	$\frac{1}{\sqrt{2}}\sqrt{(\sigma_1 - \sigma_2)^2 + (\sigma_2 - \sigma_3)^2 + (\sigma_3 - \sigma_1)^2}$	$\sqrt{\sigma_1^2 + \sigma_2^2 - \sigma_1\sigma_2}$	$\sqrt{\sigma_x^2 + \sigma_y^2 - \sigma_x\sigma_y + 3\tau_{xy}^2}$	$\sqrt{\sigma_b^2 + 3\tau_t^2}$

+) Für die Fälle $\sigma_1 > 0;\ \sigma_2 = 0;\ \sigma_3 < 0$ bzw. $\sigma_1 = 0;\ \sigma_2 < 0;\ \sigma_3 < 0$ ergibt sich σ_v aus Spalte 1

++) gilt nur für $\sigma_x\sigma_y \leq \tau_{xy}^2$; für $\sigma_x\sigma_y > \tau_{xy}^2$ ist $\sigma_v(SH) = \sigma_V(NH)$

und nach der – nicht auf den Versagensfall Fließen anwendbaren – NH bekäme man

$$\tau_{tF}(NH) = R_e$$

In Abb. 8.14 sind die experimentell ermittelten Werte R_e und τ_{tF} für eine Reihe von Stählen mit unterschiedlicher Festigkeit gegeneinander aufgetragen. Die theoretischen Voraussagen nach den verschiedenen Festigkeitshypothesen lassen sich durch Ursprungsgeraden mit den Steigungen $\tau_{tF}/R_e = 1$ für die NH, 0,58 für die GEH und 0,5 für die SH darstellen. Wie man sieht, stimmt die GEH am besten mit den Versuchswerten überein.

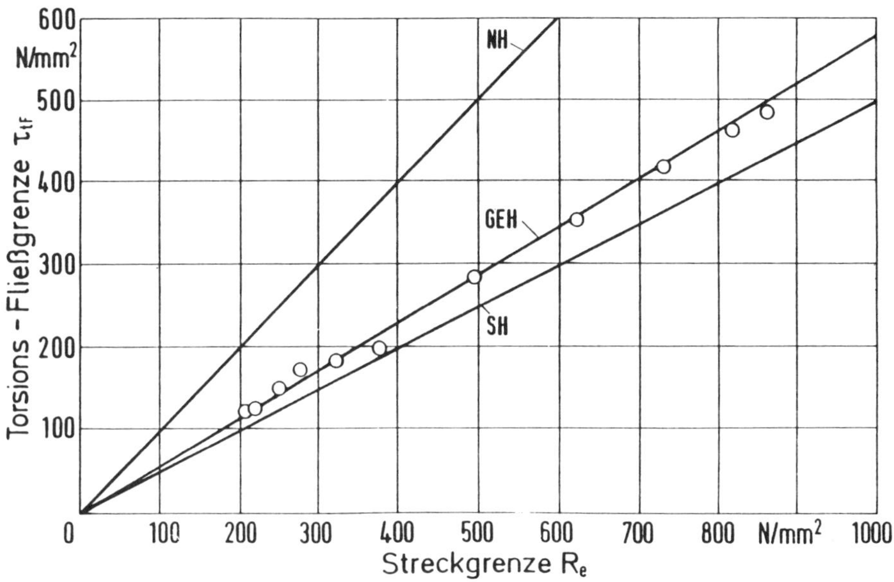

Abb. 8.14: Versuchswerte der Streckgrenze und Torsionsfließgrenze von Stählen

Aufgrund zahlreicher experimenteller Untersuchungen mit allen wichtigen metallischen Werkstoffen kann man sagen, daß bei zähen Werkstoffen das Versagen durch Fließen oder Schwingungsbruch am genauesten durch die GEH erfaßt wird – die SH stellt hier eine gute Näherung zur sicheren Seite hin dar –, während bei spröden Werkstoffen für das Versagen durch Gewaltbruch oder Schwingungsbruch die NH am besten zutrifft.

8.4.1 Beispiel: Druckbehälter

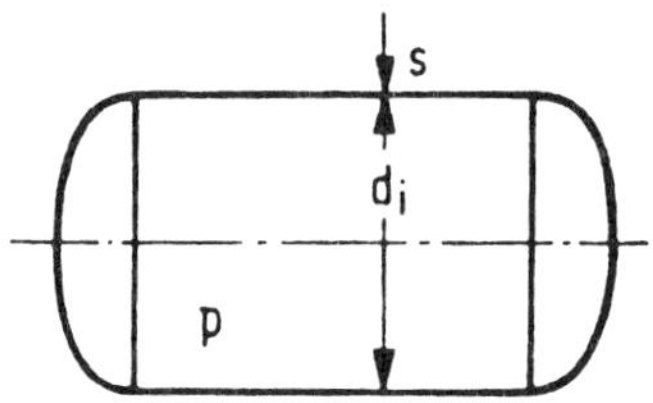

Man bestimme die Vergleichsspannung in der Wand eines geschlossenen dünnwandigen Hohlzylinders (Innendurchmesser d_i = 500 mm, Wanddicke s = 25 mm, s. Skizze) unter der Beanspruchung durch den Innendruck $p = 100$ bar nach der NH, SH, und GEH.

Wir müssen zunächst die Spannungen in der zylindrischen Behälterwand bestimmen, dann die Hauptspannungen und daraus schließlich die Vergleichsspannungen. Dazu überlegen wir, wie sich der Behälter unter der Wirkung des Innendrucks verformt und welche Spannungen daraus entstehen.

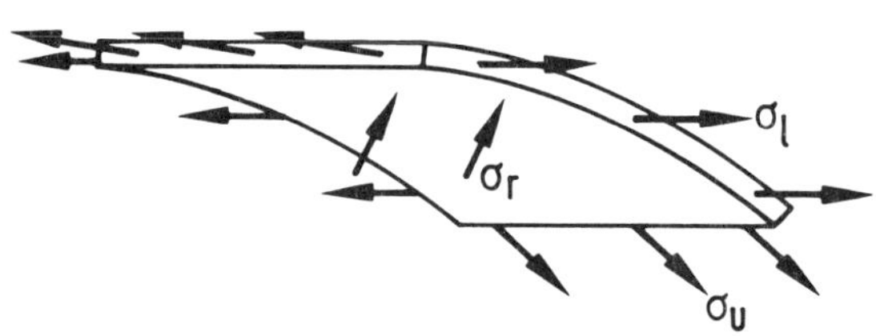

Spannungen an einem Schnittelement der Behälterwand

Der Innendruck sucht den Behälter aufzuweiten, d.h. seinen Durchmesser bzw. seinen Umfang zu vergrößern. Dadurch entstehen Spannungen in Umfangsrichtung (Umfangsspannung σ_u oder Tangentialspannung σ_t), s. Skizze. Der Innendruck wirkt weiterhin auf die Böden und sucht dadurch den Behälter in Achsrichtung zu verlängern. Dabei entstehen Spannungen in Längsrichtung (Längsspannung σ_l oder Axialspannung σ_a), s. Skizze. Schließlich wirkt der Innendruck überall direkt auf die Innenoberfläche des Behälters, wodurch Spannungen senkrecht zur Wand, also in radialer Richtung entstehen (Radialspannung σ_r), s. Skizze.

Zur Bestimmung dieser Spannungen wenden wir das Schnittprinzip an. Dabei müssen wir jeweils so schneiden, daß die gesuchte Spannung freigelegt wird, also senkrecht zu der betreffenden Spannung. Da der Behälter "dünnwandig" sein soll – dies gilt für $s/d_i \leq 0,1$ bzw. $d_a/d_i \leq 1,2$ –, dürfen wir die Größe der Spannungen näherungsweise als konstant über die Wanddicke annehmen.

a) Umfangsspannung:

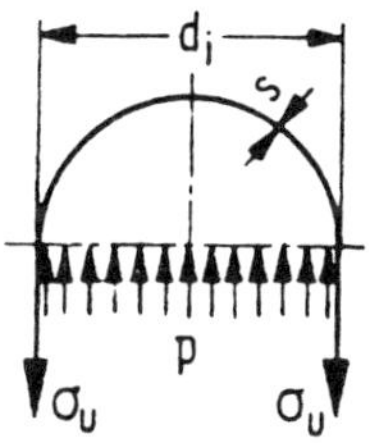

Wir führen einen Längsschnitt (durch die Behälterachse) durch und betrachten einen Halbring von der Breite b. Das Kräftegleichgewicht verlangt dann, daß Druck mal (projizierter) Druckfläche = Spannung mal Spannungsfläche ist (s. Skizze):

$$p \cdot d_i b = \sigma_u \cdot 2sb$$

Die Umfangsspannung beträgt somit

$$\sigma_u = \frac{pd_i}{2s}$$

b) Längsspannung:

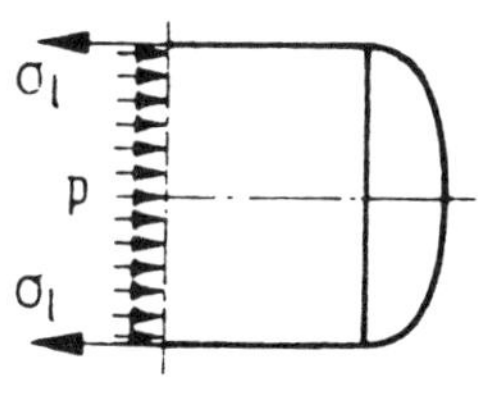

Wir führen einen Querschnitt (senkrecht zur Behälterachse) durch. Das Kräftegleichgewicht in Achsrichtung fordert dann (s. Skizze):

$$p \cdot \pi d_i^2/4 = \sigma_l \cdot \pi d_m s$$

Mit $d_m \approx d_i$ ergibt sich daraus als Längsspannung

$$\sigma_l = \frac{pd_i}{4s}$$

c) Radialspannung:

Da der Innendruck als flächenbezogene Druckkraft – 1 bar = $0,1\ \mathrm{N/mm^2}$ – senkrecht auf die Innenoberfläche der Behälterwand wirkt, entsteht dort eine radial gerichtete Druckspannung in Höhe des Innendrucks: $\sigma_{ri} = -p$. An der (lastfreien) Aussenoberfläche ist $\sigma_{ra} = 0$. Wir rechnen mit einem konstanten Mittelwert und setzen somit für die Radialspannung

$$\sigma_r = -\frac{p}{2}$$

Damit kennen wir σ_u, σ_l und σ_r. Als nächstes müssen wir die Hauptspannungen σ_1, σ_2 und σ_3 bestimmen. Wir gehen dabei von der Überlegung aus, daß in den Schnittflächen, welche Symmetrieebenen von Form und Belastung sind, keine Schubspannungen auftreten können. Diese würden nämlich nach dem Elastizitätsgesetz für Schub in der Schnittfläche Schiebungen, also Winkeländerungen, erzeugen, was eine unsymmetrische Verformung zur Folge hätte. Wenn aber die geometrische Form und die Belastung symmetrisch zu einer bestimmten Schnittfläche sind, muß auch die Verformung symmetrisch zu dieser Schnittfläche sein. Normalspannungen, die in solchen schubspannungsfreien Symmetrieschnitten auftreten, müssen dann entsprechend dem Mohrschen Spannungskreis zugleich Hauptspannungen sein.

Der Längschnitt und der Querschnitt durch den Behälter, die wir zur Bestimmung von σ_u und σ_l betrachtet hatten, sind Symmetrieschnitte bezüglich Form und Belastung. Also sind σ_u und σ_l Hauptspannungen. Damit muß aber auch σ_r eine Hauptspannung sein, da die drei Hauptspannungen jeweils senkrecht aufeinander stehen müssen ($\sigma_u \perp \sigma_l \perp \sigma_r$, s. Skizze der Spannungen). Mit der Indizierungsregel $\sigma_1 > \sigma_2 > \sigma_3$ ist dann

$$\begin{aligned}
\sigma_1 &= \sigma_u = \frac{pd_i}{2s} \\
\sigma_2 &= \sigma_l = \frac{pd_i}{4s} \quad (= \sigma_u/2) \\
\sigma_3 &= \sigma_r = -\frac{p}{2}
\end{aligned}$$

Für $d_i = 500\,\text{mm}$, $s = 25\,\text{mm}$ und $p = 100\,\text{bar} = 10\,\text{N/mm}^2$ erhält man die Hauptspannungen zu

$$\begin{aligned}
\sigma_1 &= \frac{10 \cdot 500}{2 \cdot 25} = 100\,\text{N/mm}^2 \\
\sigma_2 &= \frac{10 \cdot 500}{4 \cdot 25} = 50\,\text{N/mm}^2 \\
\sigma_3 &= -\frac{10}{2} = -5\,\text{N/mm}^2
\end{aligned}$$

In der Wand eines dünnwandigen kreiszylindrischen Behälters unter Innendruck herrscht also ein dreiachsiger Spannungszustand.

Die Vergleichsspannungen nach den verschiedenen Festigkeitshypothesen betragen somit

$$\text{NH:} \quad \sigma_v = \sigma_1 = 100\,\mathrm{N/mm^2}$$

$$\text{SH:} \quad \sigma_v = \sigma_1 - \sigma_3 = 100 - (-5) = 105\,\mathrm{N/mm^2}$$

$$\text{GEH:} \quad \sigma_v = \frac{1}{\sqrt{2}}\sqrt{(\sigma_1 - \sigma_2)^2 + (\sigma_2 - \sigma_3)^2 + (\sigma_3 - \sigma_1)^2}$$

$$= \frac{1}{\sqrt{2}}\sqrt{50^2 + 55^2 + (-105)^2} = 91\,\mathrm{N/mm^2}$$

Für den vorliegenden Spannungszustand ergibt sich nahezu der maximal mögliche Unterschied zwischen den Vergleichsspannungen nach der SH und der GEH von 15,5 %.

Zur Berechnung von Stahlrohren wird häufig die Vergleichsspannung nach der SH benützt (s. DIN 2413). Man erhält damit die Beziehung

$$\begin{aligned}\sigma_v(SH) &= \sigma_1 - \sigma_3 = \sigma_u - \sigma_r \\ &= \frac{pd_i}{2s} - (-\frac{p}{2}) = \frac{p}{2}(\frac{d_i}{s} + 1) = \frac{p}{2} \cdot \frac{d_i + s}{s} \\ &= \frac{pd_m}{2s}\end{aligned}$$

Diese Gleichung ist als "Kesselformel" bekannt.

9 Kerbwirkung

Unter einer Kerbe versteht man im allgemeinen Sprachgebrauch einen mehr oder weniger tiefen Einschnitt in eine sonst glatte Oberfläche. In der Festigkeitslehre bezeichnet man als Kerben im weiteren Sinn alle Stellen eines Bauteils, wo sich der Querschnitt plötzlich ändert. Derartige "konstruktive" , d.h. funktionsbedingte Kerben in Gestalt von Rillen, Nuten, Absätzen, Einstichen, Bohrungen usw. – s. Abb. 9.1 – bewirken, daß der vorher gleichmäßige Kraftfluß gestört, d.h. umgelenkt und örtlich verdichtet wird. Dadurch entsteht an der Kerbstelle eine Spannungskonzentration, es bildet sich dort eine Spannungsspitze.

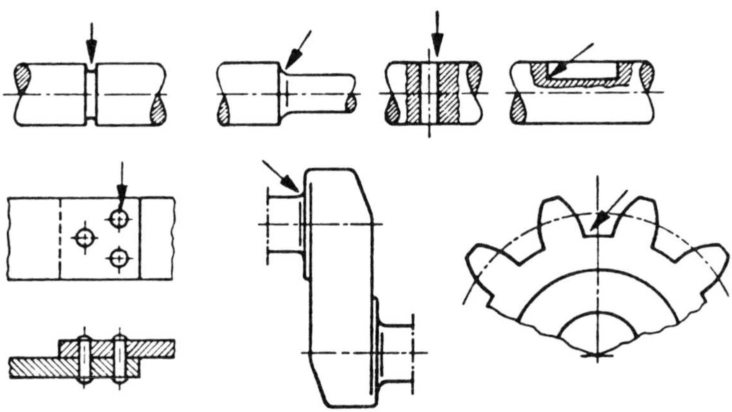

Abb. 9.1: Beispiele für konstruktiv bedingte Kerben

Eine anschauliche – wenn auch nicht exakte – Vorstellung vom Wesen der Kerbwirkung vermittelt die "Stromlinienanalogie". Dazu denkt man sich einen von einer inkompressiblen Flüssigkeit, z.B. Wasser, durchflossenen Kanal, der die gleiche Berandung hat wie das gekerbte Bauteil. Die Stromlinien entsprechen dann den Kraftflußlinien, die Strömungsgeschwindigkeit der Spannung. Da durch jeden Querschnitt die gleiche Wassermenge pro Zeiteinheit fließen muß, ist dort, wo die Stromlinien am engsten zusammengedrängt werden, die Strömungsgeschwindigkeit am größten, hier tritt also die höchste Spannung auf. Abb. 9.2 zeigt dies am Beispiel eines gekerbten Stabes. Zur Kerbwirkung tragen somit zwei Effekte bei: Zum einen wird (i.allg., nicht immer) der tragende Querschnitt verringert, und zum anderen konzentriert sich die Beanspruchung in diesem Querschnitt auf den Kerbgrund.

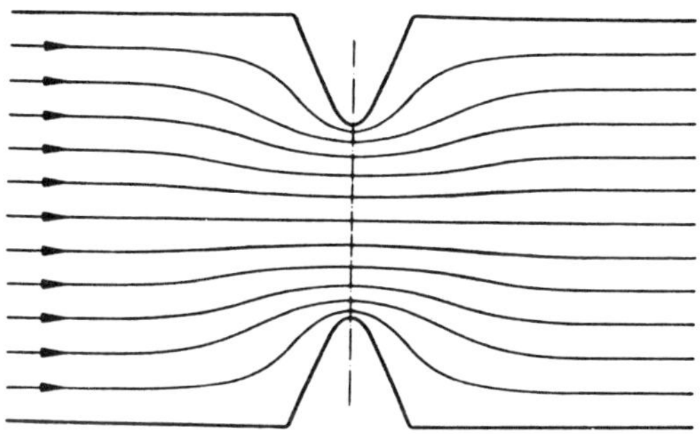

Abb. 9.2: Stromlinienanalogie für die Kerbwirkung

Die Auswirkung einer Kerbe auf das Festigkeitsverhalten eines Bauteils wird für statische und schwingende Beanspruchung in unterschiedlicher Weise erfaßt.

9.1 Statische Beanspruchung

9.1.1 Formzahl

In geraden, prismatischen Bauteilen – wie Stäben, Balken, Wellen – stellt sich bei den Grundbelastungsfällen Zug, Druck, Biegung, Schub und Torsion ein linearer Spannungsverlauf ein. Die Spannung verteilt sich dabei entweder mit konstanter Größe gleichmäßig über den ganzen Querschnitt (Zug, Druck, Schub), oder sie nimmt von einer unbelasteten "neutralen" Faser ausgehend zu den höchstbeanspruchten Randfasern hin linear zu oder ab (Biegung, Torsion). Die entsprechenden Spannungen bzw. Randspannungen erhält man nach folgenden einfachen Beziehungen:

Zug:	σ	=	F/A
Druck:	σ	=	$-F/A$
Schub:	τ	=	F/A
Biegung:	σ_b	=	M_b/W_b
Torsion:	τ_t	=	M_t/W_t

Die gleichmäßige bzw. lineare Spannungsverteilung stellt sich jedoch nicht mehr ein, wenn die glatte Körperform durch konstruktiv bedingte Kerben irgendwelcher Art gestört ist. Sobald nämlich der gleichmäßige Kraftfluß unterbrochen wird, bildet sich in unmittelbarer Umgebung der Kerbe ein Störspannungszustand aus, der sich den Spannungen überlagert, die im ungekerbten Körper unter gleicher Belastung wirksam wären. Kennzeichnend hierfür ist die Spitze, zu der die größte (Haupt-) Spannung an der Störstelle anwächst.

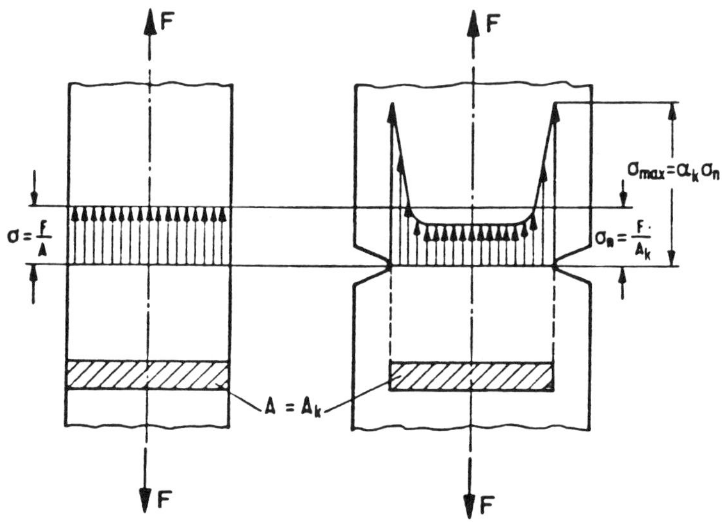

Abb 9.3: Spannungsverteilung in einem glatten und in einem gekerbten Flachstab unter Zugbeanspruchung

Als Beispiel hierfür sind in Abb. 9.3 ein glatter und ein gekerbter Stab unter elastischer Zugbeanspruchung einander gegenübergestellt. In beiden Fällen sind die Kraft F und der Querschnitt A bzw. A_k gleich groß. Während im glatten Stab eine gleichmäßig verteilte Spannung von der Größe $\sigma = F/A$ herrscht, verläuft die Spannung im gekerbten Stab sehr ungleichmäßig. Im Kerbgrund tritt der Maximalwert σ_{max} auf, der je nach Kerbschärfe mehr oder weniger hoch über einer gedachten Spannung σ_n liegt, die in einem ungekerbten Stab vom Querschnitt $A = A_k$ vorhanden wäre und die man als Nennspannung bezeichnet:

$$\sigma_n = F/A_k$$

Zum Ausgleich für die hohe Spannung im Kerbbereich, wo $\sigma > \sigma_n$ ist, muß die Spannung im Stabinnern unter der Nennspannung liegen, da die Gleichgewichtsbedingung $\sigma_n = F/A_k = \int \sigma dA/A_k$ erfüllt sein muß. Das Verhältnis von Maximalspannung zu Nennspannung bezeichnet man als Formzahl α_k:

$$\alpha_k = \sigma_{max}/\sigma_n$$

Wenn die Formzahl bekannt ist, läßt sich die Maximalspannung im Kerbgrund errechnen als

$$\sigma_{max} = \alpha_k \cdot \sigma_n$$

Bei der Definition der Formzahl und der daraus errechneten Maximalspannung ist vorausgesetzt, daß sich der Werkstoff im rein elastischen Zustand befindet, daß also bei zähen Werkstoffen $\sigma_{max} < R_e$ ist. Dann ist die Formzahl ein konstanter Zahlenwert, unabhängig von der Beanspruchungshöhe und vom Werkstoff. Die Größe der Formzahl wird in erster Linie bestimmt von der geometrischen Form der Kerbe, in zweiter Linie von der Beanspruchungsart (z.B. Zug, Biegung, Torsion).

Für die Festigkeitsberechnung von Bauteilen mit Kerben ist die Maximalspannung die wichtigste Größe. Sie kann auf einfache Weise aus der Nennspannung bestimmt werden, wenn die entsprechende Formzahl zur Verfügung steht. Man hat deshalb für häufig vorkommende Kerbformen die Formzahlen theoretisch oder experimentell ermittelt und in Diagrammen als Funktion der geometrischen Bestimmungsgrößen dargestellt. Im Anhang A3 - A15 ist eine Reihe solcher Formzahldiagramme für verschiedene Kerbformen und Belastungsarten wiedergegeben. Da die Spannungsverteilung nur von der geometrischen Form eines Bauteils, nicht von seiner absoluten Größe abhängt, kann man die Formzahl als Funktion von relativen, d.h. bezogenen Größen angeben. Als Nennspannungen werden üblicherweise die Spannungen verwendet, die sich bei gleicher Belastung ohne Kerbe einstellen würden. Wie man aus diesen Diagrammen sieht, geht der stärkste Einfluß auf die Höhe der Formzahl vom Kerbradius ρ aus. Bei kleinen Radien, also "scharfen" Kerben, wird die Formzahl und damit auch die Maximalspannung schnell sehr hoch. Daraus resultiert die bekannte Konstruktionsregel, Querschnittsübergänge und Richtungsänderungen der Kontur so "weich" wie möglich auszuführen.

9.1.2 Auswirkung auf das Festigkeitsverhalten

Eine Kerbe und die damit verbundene Spannungskonzentration wirkt sich natürlich auf das Festigkeitsverhalten aus. Im folgenden wollen wir diese Auswirkung untersuchen, und zwar zunächst für spröde, dann für zähe Werkstoffe, mit dem Ziel, eine Festigkeitsbedingung für Bauteile mit Kerben aufzustellen. Als Modell für ein solches Bauteil verwenden wir einen gekerbten Flachstab unter Zug.

a) Spröde Werkstoffe

Ein spröder Werkstoff verhält sich – ganz oder nahezu – elastisch bis zum Bruch. Bei einem Kerbstab bleibt die inhomogene Spannungsverteilung mit der Spitze im Kerbgrund also während des ganzen Belastungsvorgangs erhalten. Sobald diese Spannungsspitze die Zugfestigkeit des Werkstoffs erreicht, reißt der Werkstoff an der Kerbe ein. Da hierdurch der tragende Querschnitt vermindert und gleichzeitig die Kerbwirkung noch verschärft wird, pflanzt sich der Anriß spontan über die ganze Querschnittsfläche fort, er löst also den totalen Bruch aus.

Mit dem Versagen eines Bauteils aus sprödem Werkstoff ist somit zu rechnen, wenn

$$\sigma_{max} = R_m$$

ist. Um das zu verhindern, muß die Maximalspannung auf einen zulässigen Wert begrenzt werden. Dies geschieht durch die Festigkeitsbedingung

$$\sigma_{max} \leq \sigma_{zul}$$

wobei

$$\sigma_{max} = \alpha_k \sigma_n$$

und

$$\sigma_{zul} = R_m / S_B$$

ist.

b) Zähe Werkstoffe

Wir nehmen an, daß der Werkstoff eine ausgeprägte Streckgrenze R_e und einen anschließenden Fließbereich ohne Verfestigung besitzt (idealplastisches Verhalten). Die Reaktion des Kerbstabes auf eine stetig zunehmende Belastung läßt sich anschaulich verfolgen in dem als Abb. 9.4 wiedergegebenen (F, ε_{max})-Diagramm. Es stellt den Zusammenhang zwischen der äußeren Last, also der Zugkraft F, und der inneren Beanspruchung dar, die sich in der Dehnung ε_{max} an der höchstbeanspruchten Stelle – im Kerbgrund – ausdrückt.

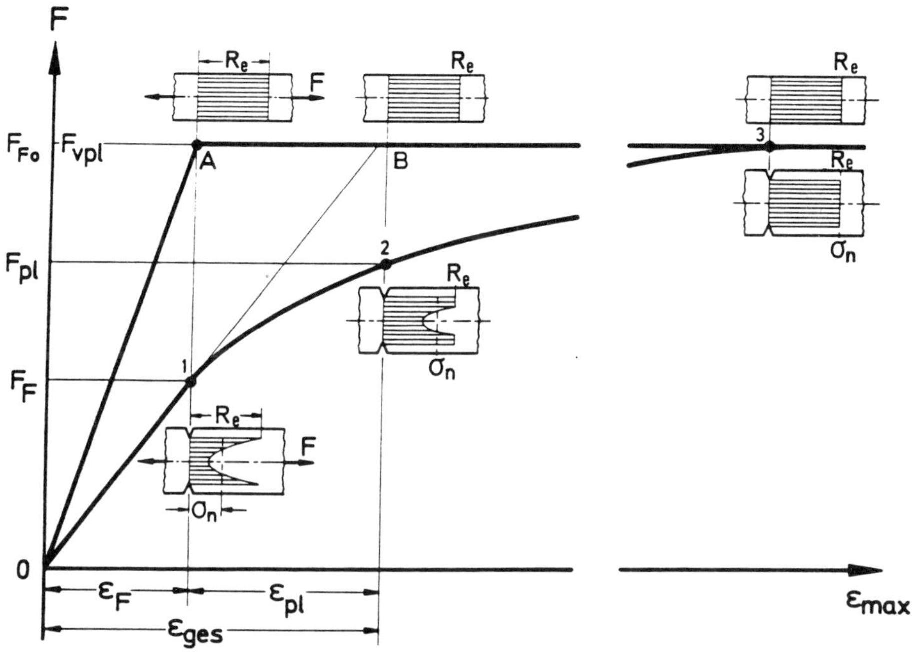

Abb. 9.4: Fließkurve eines glatten und eines gekerbten Flachstabes unter Zugbeanspruchung

Zum Vergleich ist in Abb. 9.4 auch die (F, ε)-Kurve OAB eines ungekerbten Stabes mit gleicher Querschnittsfläche A eingetragen. Sie entspricht direkt dem (σ, ε)-Diagramm des Werkstoffs. Das Fließen setzt hier wegen der homogenen Spannungsverteilung im ganzen Querschnitt gleichzeitig ein, wenn die Spannung die Streckgrenze erreicht hat (Punkt A). Es hält unter der gleichbleibenden Last $F_{Fo} = R_e A$ solange an, bis sich der Werkstoff wieder verfestigt. Beim Erreichen der Fließlast F_{Fo} ist also zunächst keine Steigerung der Zugkraft möglich.

Anders beim gekerbten Stab mit seiner inhomogenen Spannungsverteilung: Solange der Werkstoff elastisch beansprucht wird, sind F und ε_{max} einander proportional. Die Spannung im Kerbquerschnitt weist die typische, durch die Formzahl α_k gekennzeichnete inhomogene Verteilung auf. Das Ende des elastischen Zustands ist erreicht, wenn gerade $\sigma_{max} = R_e$ bzw. $\varepsilon_{max} = \varepsilon_F$ $(= R_e/E)$ ist. Mit $\sigma_{max} = \alpha_k \sigma_n = \alpha_k F/A$ erhält man daraus die Last bei Fließbeginn zu

$$F_F = R_e A/\alpha_k$$

(Punkt 1). Sie ist um den Faktor α_k niedriger als die Fließlast des glatten Stabes: $F_F = F_{Fo}/\alpha_k$. Die Nennspannung beträgt dabei $\sigma_n = R_e/\alpha_k$.

Der Werkstoff beginnt nun zu fließen. Die plastischen Verformungen breiten sich vom Kerbgrund nach innen aus. Da der Querschnitt zunächst noch überwiegend elastisch beansprucht ist, kann die Zugkraft F noch weiter gesteigert werden. Die Dehnung ε_{max} nimmt aber jetzt schneller zu als im rein elastischen Zustand, weil der plastisch gewordene Anteil des Querschnitts sich nicht weiter an der Lastaufnahme beteiligt, die somit allein vom elastischen Restquerschnitt übernommen werden muß. Die (F, ε_{max})-Kurve biegt deshalb nach dem Fließbeginn mehr und mehr vom linearen Anstieg ab. Die Spannungsverteilung ändert sich bei elastisch-plastischer Beanspruchung so, daß in dem plastisch verformten Bereich die Spannung den konstanten Wert der Streckgrenze annimmt, während im elastisch beanspruchten Rest des Querschnitts die ursprüngliche Spannungsverteilung – der gesteigerten Last entsprechend erhöht – erhalten bleibt (Punkt 2). Die dabei im Kerbgrund auftretende plastische Dehnung ε_{pl} ist von der gleichen Größenordnung wie die Fließdehnung ε_F.

Mit noch weiter zunehmender Belastung breiten sich die plastischen Zonen immer mehr aus, bis sie schließlich den ganzen Querschnitt erfaßt haben. Damit ist der vollplastische Zustand erreicht, bei dem $\sigma_{max} = \sigma_n = R_e$ ist (Punkt 3). Die (F, ε_{max})-Kurve geht dann in einen waagrechten Verlauf über. Sie fällt damit wieder mit der (F, ε)-Linie des glatten Stabes zusammen. Die Last für den vollplastischen Zustand des Kerbstabes ist gleich der Fließlast des glatten Stabes: $F_{vpl} = F_{Fo}$. Die Dehnung ε_{max} bei Erreichen des vollplastischen Zustandes ist von der Größenordnung der mehrfachen Fließdehnung ε_F, und sie kann von da an unbeschränkt zunehmen, bis sich der Werkstoff wieder verfestigt.

Im vollplastischen Zustand ist somit bei einem Kerbstab die gleiche Spannungsverteilung erreicht wie beim Fließbeginn des glatten Stabes (wo wegen der homogenen Spannungsverteilung Fließbeginn und vollplastischer Zustand zusammenfallen). Das hatten wir beim glatten Stab als mögliche Versagensursache angesehen, weil dabei unzulässig große plastische Verformungen auftreten können. Analog dazu könnte man also auch beim Kerbstab den vollplastischen Zustand als Versagensgrenze betrachten und damit die Kerbwirkung ganz außer acht lassen. Im Gegensatz zum glatten Stab, wo die Dehnung beim Fließbeginn überall gleich ε_F ist, hat dann die Dehnung ε_{max} aber schon einen weit höheren Wert erreicht. Gegen den vollplastischen Zustand als Versagensursache zu rechnen ist deshalb nur dann zulässig, wenn – erstens – größere lokale Dehnungen die Funktionsfähigkeit des betreffenden Bauteils nicht beeinträchtigen und – zweitens – der Werkstoff die erforderliche plastische Dehnung auch aufzubringen vermag. Diese Berechnungsweise wird deshalb allenfalls bei sehr zähen Werkstoffen angewandt.

Wollte man andererseits den Fließbeginn bei F_F als Versagensgrenze festlegen, so wäre der Werkstoff wegen der inhomogenen Spannungsverteilung nur sehr schlecht ausgenützt. Außerdem ist hier noch kein unbeschränktes Fließen wie beim glatten Stab möglich, da die plastisch gewordenen Randfasern im Kerbgrund von den darunter liegenden, elastisch beanspruchten Zonen, mit denen sie ja formschlüssig verbunden sind, gehalten werden. Durch diese Stützwirkung des elastischen Kerns ist eine Laststeigerung über F_F hinaus möglich, ohne daß es zu größeren plastischen Verformungen kommen kann. Bei der Festigkeitsberechnung legt man deshalb als Beanspruchungsgrenze üblicherweise nicht den Fließbeginn selbst, sondern das Erreichen einer bestimmten plastischen Dehnung ε_{pl} bzw. Gesamtdehnung ε_{ges} an der höchstbeanspruchten Stelle fest. Die dadurch mögliche Laststeigerung wird durch die Stützziffer $n_{pl} = F_{pl}/F_F$ ausgedrückt, die gemäß Abb. 9.4 angibt, wie weit die Last nach dem Fließbeginn bei F_F noch auf den Wert F_{pl} erhöht werden kann, bis an der höchstbeanspruchten Stelle die plastische Dehnung ε_{pl} bzw. die Gesamtdehnung ε_{ges} erreicht ist. Die Grenzlast läßt sich dann ausdrücken als

$$F_{pl} = n_{pl}F_F = n_{pl}R_eA/\alpha_k$$

Umgeformt erhält man die Beziehung

$$\alpha_kF_{pl}/A = n_{pl}R_e$$

Mit $F_{pl}/A = \sigma_n$ und $\alpha_k\sigma_n = \sigma_{max}$ ergibt sich daraus die rechnerische (fiktive) Maximalspannung bei Erreichen von F_{pl} zu

$$\sigma_{max} = n_{pl}R_e$$

Dies wird als der Versagensfall angesehen. Um ihn zu verhindern, muß die Festigkeitsbedingung

$$\sigma_{max} \leq \sigma_{zul}$$

erfüllt sein, wobei

$$\sigma_{max} = \alpha_k\sigma_n$$

und

$$\sigma_{zul} = n_{pl} R_e / S_F$$

ist.

Für die Festigkeitsberechnung gegen Fließen ist somit nicht mehr die Streckgrenze selbst – wie bei homogener Beanspruchung –, sondern der mit der Stützziffer multiplizierte Betrag maßgebend. Man rechnet also so, wie wenn der Werkstoff die Streckgrenze $n_{pl} R_e$ hätte.

Dies setzt natürlich voraus, daß die Stützziffer für das zu berechnende Bauteil bekannt ist. Sie ergibt sich nach Abb. 9.4 aus der (F, ε_{max})-Kurve. Man bezeichnet diese Kurve im überelastischen Bereich als Fließkurve des Bauteils. Die Bauteil-Fließkurve gibt den Zusammenhang zwischen der äußeren Belastung – z.B. durch eine Kraft, ein Moment, einen Innendruck – und der dadurch an der höchstbeanspruchten Stelle hervorgerufenen Dehnung wieder. Ihr Verlauf, d.h. die Stärke des Abbiegens vom linearen Anstieg nach Fließbeginn hängt ab von Kerbgeometrie, Belastungsart, Querschnittsform und der Spannungs-Dehnungskurve des Werkstoffs (Werkstoff-Fließkurve). Wegen dieser vielen Einflußgrößen ist die genaue Ermittlung der Fließkurven technischer Bauteile in der Regel sehr langwierig und kostspielig. Stützziffern stehen daher nur für einige Standard-Bauteile zur Verfügung. Man kann jedoch auf einfache Weise einen sicheren Näherungswert für die Stützziffer bestimmen, wenn man von einer unteren Grenzkurve für den technisch relevanten Bereich der Bauteil-Fließkurven ausgeht. Man erhält dann die Stützziffer nach der Beziehung

$$n_{pl} = \sqrt{\varepsilon_{ges} / \varepsilon_F} = \sqrt{1 + \varepsilon_{pl} / \varepsilon_F}$$

Dabei ist gemäß Abb. 9.4 ε_{pl} die plastische Dehnung, $\varepsilon_F = R_e / E$ die Dehnung bei Fließbeginn und $\varepsilon_{ges} = \varepsilon_F + \varepsilon_{pl}$ die gesamte Dehnung an der höchstbeanspruchten Stelle. Die Größe der als unschädlich erachteten plastischen Dehnung richtet sich in erster Linie nach der Verformungsfähigkeit des Werkstoffs. Zweckmäßigerweise geht man dabei von einem festen Betrag der Gesamtdehnung ε_{ges} aus, weil das plastische Formänderungsvermögen der metallischen Werkstoffe mit zunehmender Streckgrenze abnimmt. Dann erhält man nämlich für die plastische Dehnung $\varepsilon_{pl} = \varepsilon_{ges} - \varepsilon_F = \varepsilon_{ges} - R_e / E$ bei Werkstoffen mit hoher Fließgrenze einen geringeren Beitrag als bei solchen mit niedriger Fließgrenze. Für ferritisch-perlitische Stähle erscheint als Richtwert eine Gesamtdehnung von $\varepsilon_{ges} = 0,5\%$, für austenitische Stähle von $\varepsilon_{ges} = 1\%$ angemessen. Die Stützziffer muß außerdem die Grenzbedingung $n_{pl} \leq \alpha_k$ erfüllen, da nach Abb. 9.4 für den vollplastischen Zustand $n_{vpl} = F_{vpl} / F_F = F_{Fo} / F_F = \alpha_k$ ist.

Bauteile aus zähen Werkstoffen werden bei statischer Belastung normalerweise gegen das Versagen durch Fließen berechnet. Zusätzlich hierzu ist jedoch – zumindest in kritischen Fällen – eine Rechnung gegen Bruch nötig, um nachzuprüfen, ob die Bruchsicherheit ausreicht. Dazu muß man wissen, wie sich die Kerbwirkung auf die Bruchlast auswirkt. In zahlreichen experimentellen Untersuchungen – Zugversuche mit Kerbstäben unterschiedlicher Formzahlen und (zäher) Werkstoffe – hat sich gezeigt, daß im konstruktiv interessanten Bereich bis etwa $\alpha_k = 3$ die ertragbare Höchstlast eines Kerbstabes, ausgedrückt als Kerbzugfestigkeit $R_{mk} = F_{max}/A_k$, bei zähen Werkstoffen stets größer ist als die Zugfestigkeit R_m des glatten Stabes. Durch die Kerbe wird die Tragfähigkeit – bei gleichem Querschnitt – also mehr oder weniger stark erhöht, abhängig von Kerbschärfe und Spannungszustand. Man kann deshalb bei der Rechnung gegen Bruch die Kerbwirkung ganz außer acht lassen und mit der Nennspannung anstelle der Maximalspannung rechnen. Dies ist nach Abb. 9.4 einleuchtend: Der Fließprozeß führt zunächst zum vollplastischen Zustand, wo die vorher sehr ungleichmäßige Spannungsverteilung mehr oder weniger ausgeglichen ist. Erst dann steigt die Spannung entsprechend der Verfestigung des Werkstoffs weiter an. Da die Kerbzugfestigkeit immer über der am glatten Stab bestimmten Zugfestigkeit des Werkstoffs liegt, begeht man mit dieser einfachen Berechnungsweise nur einen Fehler zur sicheren Seite hin. Die Festigkeitsbedingung lautet somit

$$\sigma_n \leq \sigma_{zul}$$

wobei

$$\sigma_{zul} = R_m/S_B$$

ist.

9.1.3 Beispiel: Halteband

Ein Halteband aus dem Werkstoff C 45 ($R_e = 490\,\mathrm{N/mm^2}$; $R_m = 710\,\mathrm{N/mm^2}$) mit den in der Skizze angegebenen Abmessungen und einer Bohrung steht unter statischer Zugbelastung durch die Kraft F.

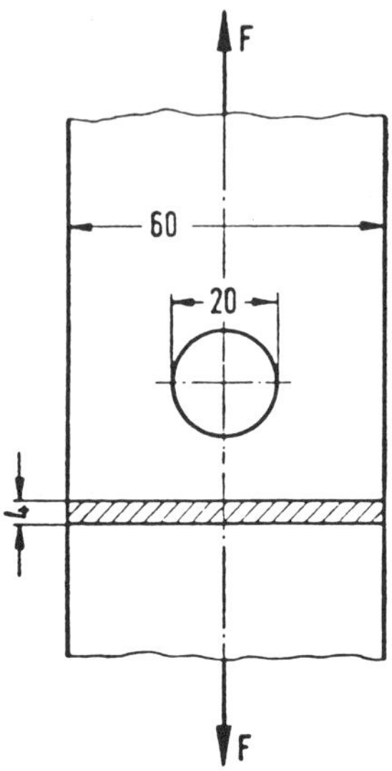

a) Bei welcher Last F_F beginnt der Werkstoff zu fließen?

b) Welche Spannungsverteilung und Nennspannung ergibt sich hierfür im gefährdeten Querschnitt?

c) Welche Last ist für das Band zulässig, wenn die Dehnung an der höchstbeanspruchten Stelle auf 0,5 % begrenzt wird?

d) Ab welcher Last F_B ist mit dem Bruch des Bandes zu rechnen?

e) Wie groß ist die Bruchsicherheit für den Fall c)?

a) Für den Fließbeginn gilt:

$$\sigma_{max} = R_e$$

Dabei ist

$$\sigma_{max} = \alpha_k \sigma_n = \alpha_k F/A_k$$

Die Formzahl ergibt sich aus A4 für $a/b = 10/30 = 0{,}333$ zu

$$\alpha_k = 2{,}32$$

Der Kerbquerschnitt beträgt (mit den Bezeichnungen von A4)

$$A_k = 2(b-a)h = 2(30-10)4 = 160\,\mathrm{mm}^2$$

Damit erhält man F_F aus der obigen Fließbedingung zu

$$F_F = R_e A_k/\alpha_k = 490 \cdot 160/2{,}32 = 33\,793\,\mathrm{N} \approx 33{,}8\,\mathrm{kN}$$

b)

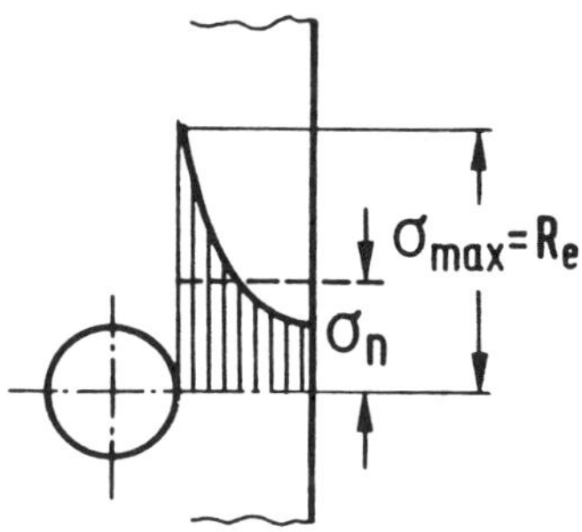

$$\sigma_{max} = R_e = 490\,\text{N/mm}^2$$

$$\sigma_n = \sigma_{max}/\alpha_k = 490/2,32 = 211\,\text{N/mm}^2$$

c) Festigkeitsbedingung:

$$\sigma_{max} \leq \sigma_{zul}$$

Dabei ist

$$\sigma_{max} = \alpha_k \sigma_n = \alpha_k F/A_k$$

und

$$\sigma_{zul} = n_{pl} R_e / S_F$$

Die Stützziffer ergibt sich für $\varepsilon_{max} = 0,5\,\%$ näherungsweise zu

$$n_{pl} = \sqrt{\varepsilon_{max}/\varepsilon_F} = \sqrt{E \cdot \varepsilon_{max}/R_e} = \sqrt{210\,000 \cdot 0,005/490} = 1,46$$

Aus der Festigkeitsbedingung erhält man dann mit $S_F = 1{,}5$

$$F = \frac{n_{pl} R_e A_k}{\alpha_k S_F} = \frac{1,46 \cdot 490 \cdot 160}{2,32 \cdot 1,5} = 32\,892\,\text{N} \approx 32,9\,\text{kN}$$

d) Für den Bruch gilt:

$$\sigma_n \geq R_m$$

mit

$$\sigma_n = F/A_k$$

Als unteren Grenzwert der Bruchlast erhält man somit

$$F_B = R_m A_k = 710 \cdot 160 = 113\,600\,\mathrm{N} = 113{,}6\,\mathrm{kN}$$

e) Die Bruchsicherheit ist

$$S_B = R_m/\sigma_n$$

wobei die Nennspannung für den Fall c)

$$\sigma_n = F/A_k = 32\,892/160 = 205{,}6\,\mathrm{N/mm^2}$$

beträgt. Somit ist

$$S_B = 710/205{,}6 = 3{,}45$$

9.2 Schwingende Beanspruchung

9.2.1 Kerbwirkungszahl

Bei einem Bauteil mit Kerben unter schwingender Beanspruchung ist mit dem Versagen zu rechnen, wenn die von der äußeren Belastung hervorgerufene maximale Spannungsamplitude $\sigma_{a\,max}$ den Wert der vom Werkstoff ertragbaren Spannungsamplitude σ_A erreicht. Als Versagensbedingung setzt man deshalb

$$\sigma_{a\,max} = \sigma_A$$

an. Bei den folgenden Betrachtungen gehen wir zunächst von einer rein wechselnden Zug-Druck-Beanspruchung aus (Mittelspannung $\sigma_m = 0$). Wir beschränken uns ferner auf das Dauerfestigkeitsgebiet. Das Werkstoffverhalten in diesem Bereich sei durch die in Abb. 9.5 dargestellten Wöhlerlinien eines glatten (ungekerbten) und eines gekerbten Stabes gegeben. Wie man sieht, bewirkt die Kerbe eine deutliche Verminderung der Belastbarkeit. Die dauernd ertragbare Spannungsamplitude des glatten Stabes ist identisch mit der Wechselfestigkeit σ_W des Werkstoffs, wogegen die – als Nennspannung $\sigma_{an} = F_a/A_k$ ermittelte – Wechselfestigkeit des gekerbten Stabes σ_{Wk} sicherlich auch von der jeweiligen Kerbschärfe abhängt. Die Frage ist nun, ob man σ_{Wk} aus σ_W und der Formzahl α_k der Kerbe errechnen kann.

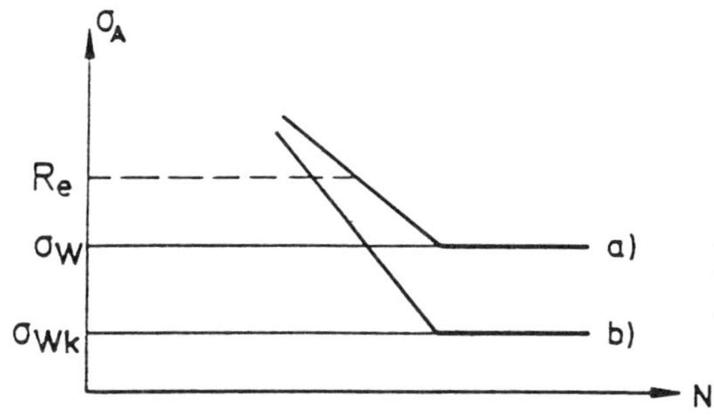

Abb. 9.5:
Wöhlerlinien im Dauerfestigkeitsbereich ($\sigma_m = 0$)
a) glatter Stab: $\sigma_W = F_a/A$
b) gekerbter Stab: $\sigma_{Wk} = F_a/A_k$

Da die Wechselfestigkeit stets unter der Streckgrenze zäher Werkstoffe liegt, ist die Beanspruchung (makroskopisch gesehen) rein elastisch. Die maximale Spannungsamplitude wäre demnach aus der Nennspannungsamplitude σ_{an} zu errechnen als

$$\sigma_{a\,max} = \alpha_k \sigma_{an}$$

Ein Schwingungsbruch müßte dann eintreten, wenn

$$\alpha_k \sigma_{an} = \sigma_W$$

ist.

Mit $\sigma_{an} = \sigma_{Wk}$ ergäbe sich die Dauerfestigkeit eines Kerbstabes bzw. eines Bauteils mit Kerben somit zu

$$\sigma_{Wk} = \sigma_W / \alpha_k$$

Diese theoretische Vorstellung entspricht jedoch nicht dem tatsächlichen Werkstoffverhalten. In zahlreichen experimentellen Untersuchungen hat sich nämlich gezeigt, daß ein gekerbter Stab in der Regel eine höhere Nennspannung ertragen kann als jene, die sich aus der Formzahl ergibt. Man hat deshalb eine neue Kenngröße eingeführt, die Kerbwirkungszahl β_k. Sie ist für die angenommene Wechselbeanspruchung definiert als

$$\beta_k = \sigma_W / \sigma_{Wk}$$

und gibt gemäß Abb. 9.5 das experimentell festgestellte Verhältnis der Wechselfestigkeit des glatten Stabes zur Wechselfestigkeit des gekerbten Stabes an. Im allgemeinen Fall einer Schwingbeanspruchung mit Mittelspannungen wird die Kerbwirkungszahl aus den entsprechenden ertragbaren Spannungsamplituden gebildet:

$$\beta_k = \sigma_A / \sigma_{Ak}$$

Die Tatsache, daß ein Kerbstab i.allg. eine höhere Dauerschwingbelastung erträgt, als nach der Formzahl eigentlich zu erwarten wäre, läßt sich so deuten, daß die Maximalspannung bei schwingender Beanspruchung im Dauerfestigkeitsgebiet nicht mit dem vollen "statischen" Wert $\sigma_{max} = \alpha_k \sigma_n$, sondern nur mit dem reduzierten Betrag

$$\sigma_{a\,max} = \beta_k \sigma_{an}$$

wirksam wird, wie in Abb. 9.6 veranschaulicht. Man kann dies damit erklären – so besagt eine Theorie –, daß die Spannungsspitze im Lauf der Zeit durch die ständigen Lastwechselvorgänge etwas vermindert wird, hervorgerufen durch plastische Gleitungen im mikroskopischen Bereich, die aber so klein sind, daß sie nach außen hin, d.h. makroskopisch, nicht in Erscheinung treten.

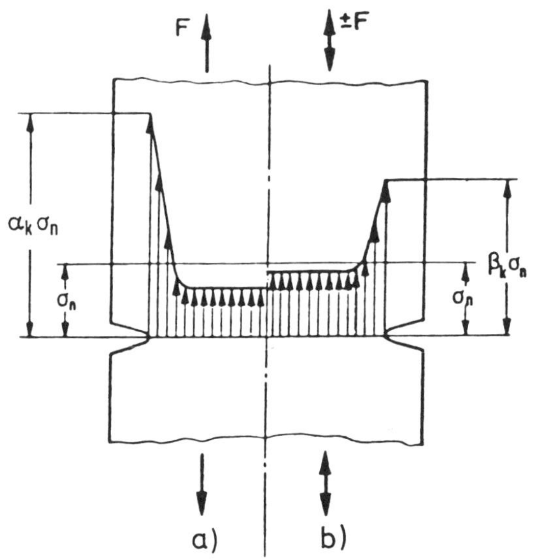

Abb. 9.6:
Spannungsverteilung in einem gekerbten Flachstab unter Zug
a) statische Beanspruchung
b) schwingende Beanspruchung

Für die Dauerschwingfestigkeit von Bauteilen mit Kerben ist also nicht die Formzahl, sondern die Kerbwirkungszahl maßgebend. Um sie berechnen zu können, muß man wissen, von welchen Faktoren sie abhängt. Die wesentlichsten Einflußgrößen sind die Form und Größe der Kerbe, die Beanspruchungsart und die spezifischen Werkstoffeigenschaften. Die ersten beiden Faktoren schlagen sich in der Formzahl nieder. Die Kerbwirkungszahl wird deshalb üblicherweise als Bruchteil der Formzahl bestimmt. Darüber hinaus kommt jedoch auch der Eigenart des jeweiligen Werkstoffs oder Werkstoffzustandes ein z.T. beträchtlicher Einfluß zu, der über eine geeignete Kenngröße – z.B Streckgrenze, Zugfestigkeit, Härte – erfaßt werden muß. Offensichtlich besteht eine gegenseitige Abhängigkeit zwischen den Einflüssen von Form und Werkstoff. Sie lassen sich daher nicht voneinander trennen, was die Berechnung der Kerbwirkungszahl sehr erschwert.

Die theoretischen Grenzen der Kerbwirkungszahl ergeben sich aus der Bedingung

$$1 \leq \beta_k \leq \alpha_k$$

Der obere Grenzwert $\beta_k = \alpha_k$ bedeutet größtmögliche Kerbwirkung, da in diesem Fall die effektive Spannungsspitze bei schwingender Beanspruchung gleich der elastizitätstheoretischen Maximalspannung unter statischer Belastung ist. Der untere Grenzwert $\beta_k = 1$ kennzeichnet einen völlig kerbunempfindlichen Werkstoff, bei dem unter schwingender Beanspruchung überhaupt keine Kerbwirkung auftritt.

Es gibt verschiedene Verfahren zur Berechnung der Kerbwirkungszahl. Sie unterscheiden sich in den theoretischen Vorstellungen über das Wesen der Kerbwirkung bei schwingender Beanspruchung, und sie kommen dementsprechend auch zu mehr oder weniger unterschiedlichen Ergebnissen. Im folgenden wird ein Verfahren (nach Siebel) beschrieben, das über weite Bereiche der Einflußgrößen durch Versuchsergebnisse hinreichend bestätigt ist. Bei diesem Verfahren wird die Kerbwirkung unter schwingender Beanspruchung durch Einführen einer "dynamischen Stützziffer n_χ" erfaßt. Sie ist definiert als

$$n_\chi = \alpha_k / \beta_k$$

Die dynamische Stützziffer gibt gemäß Abb. 9.6 an, in welchem Verhältnis die theoretische Spannungsspitze $\alpha_k \sigma_n$ zur "effektiven", d.h. bei der Dauerschwingbeanspruchung wirksam werdenden Spannungsspitze $\beta_k \sigma_{an}$ steht. Sie ist ein Maß für die Stützwirkung, welche die hochbeanspruchten Randschichten durch die darunter liegenden, weniger hoch belasteten Materialbereiche während der Schwingbelastung erfahren. Die Höhe dieser Stützwirkung hängt vom Spannungsgradienten an der höchstbeanspruchten Stelle und vom jeweiligen Werkstoff ab. Der Werkstoffeinfluß wird bei verformungsfähigen Werkstoffen über die Streckgrenze bzw. die 0,2-Grenze, bei spröden Werkstoffen über die Zugfestigkeit erfaßt. Der maximale Spannungsgradient ergibt sich, wie in Abb. 9.7 veranschaulicht, als Steigung $(d\sigma/dx)_{max} = tan\varphi$ der Spannungsverteilungskurve an der höchstbeanspruchten Stelle. Seine Größe hängt aber von der Höhe der Maximalspannung σ_{max}, d.h. von der Belastungshöhe ab. Um diese Abhängigkeit zu eliminieren, wird der Spannungsgradient auf die Maximalspannung bezogen und als bezogenes Spannungsgefälle

$$\chi^+ = \frac{1}{\sigma_{max}} \left(\frac{d\sigma}{dx} \right)_{max}$$

bezeichnet. Der Wert χ^+ drückt dann nur noch den Einfluß der geometrischen Form der Kerbe auf den Spannungsgradienten an der höchstbeanspruchten Stelle aus.

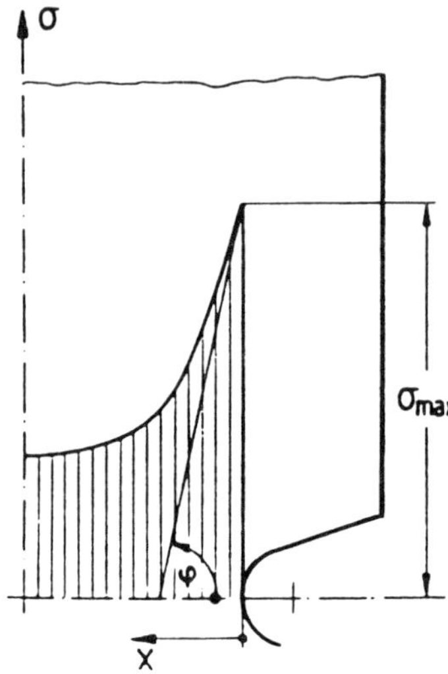

Abb. 9.7:
Spannungsgefälle an einer Kerbe

Ein Spannungsgradient kann aber auch ohne Kerbe allein aus der Beanspruchungsart entstehen. Dies zeigt Abb. 9.8 am Beispiel eines Stabes mit der Höhe h unter Biegung.

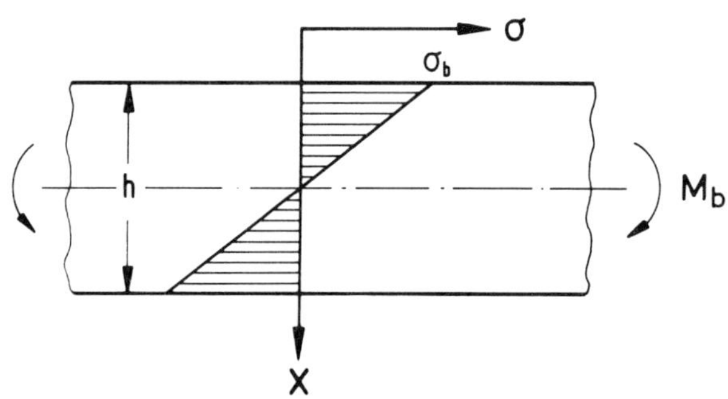

Abb. 9.8: Bezogenes Spannungsgefälle beim Biegestab

Aufgrund der linearen Spannungsverteilung ist $d\sigma/dx = \sigma_b/(h/2)$ und das bezogene Spannungsgefälle

$$\chi_o^+ = \frac{1}{\sigma_b} \cdot \frac{\sigma_b}{h/2} = \frac{2}{h}$$

Der Index o zeigt an, daß dieses Spannungsgefälle durch die Beanspruchungsart hervorgerufen ist. Auch unter Torsion entsteht ein derartiges Spannungsgefälle, nicht aber bei Zug oder Druck. Das gesamte bezogene Spannungsgefälle setzt sich also i.allg. zusammen aus dem von der Beanspruchungsart herrührenden Anteil χ_o^+ und dem von der Kerbe verursachten Anteil $\chi_k^+ : \chi^+ = \chi_o^+ + \chi_k^+$. Der kerbbedingte Anteil hängt in erster Linie vom Kerbradius ρ ab. Er beträgt näherungsweise bei Zug/Druck und Biegung $\chi_k^+ = 2/\rho$ und bei Torsion $\chi_k^+ = 1/\rho$.

Kerbform	Beanspruchungsart	χ^+ [mm^{-1}]
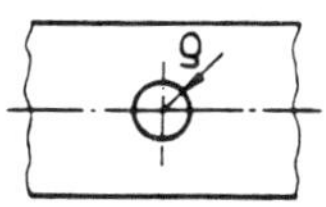	Zug-Druck	$\frac{2}{\rho}$
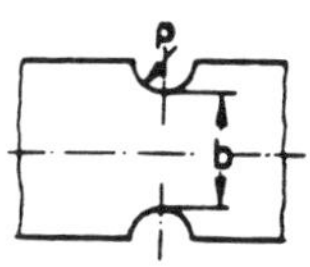	Zug-Druck	$\frac{2}{\rho}$
	Biegung	$\frac{2}{b} + \frac{2}{\rho}$
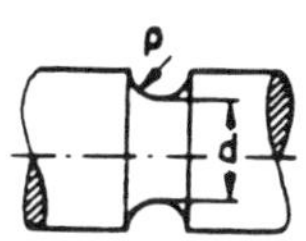	Zug-Druck	$\frac{2}{\rho}$
	Biegung	$\frac{2}{d} + \frac{2}{\rho}$
	Torsion	$\frac{2}{d} + \frac{1}{\rho}$
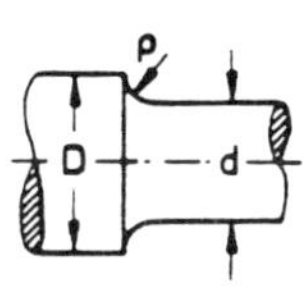	Zug-Druck	$\frac{2}{\rho}$
	Biegung	$\frac{4}{D+d} + \frac{2}{\rho}$
	Torsion	$\frac{4}{D+d} + \frac{1}{\rho}$

Tab. 9.1: Bezogenes Spannungsgefälle für verschiedene Kerbformen und Beanspruchungsarten

In Tabelle 9.1 sind die Werte χ^+ für einige häufig vorkommende Kerbformen und Beanspruchungsarten zusammengestellt. Aus Abb. 9.9 kann dann die dynamische Stützziffer n_χ in Abhängigkeit von χ^+ mit der Streckgrenze bzw. der Zugfestigkeit des jeweiligen Werkstoffs als Parameter abgelesen werden. Damit ergibt sich die Kerbwirkungszahl schließlich zu $\beta_k = \alpha_k / n_\chi$.

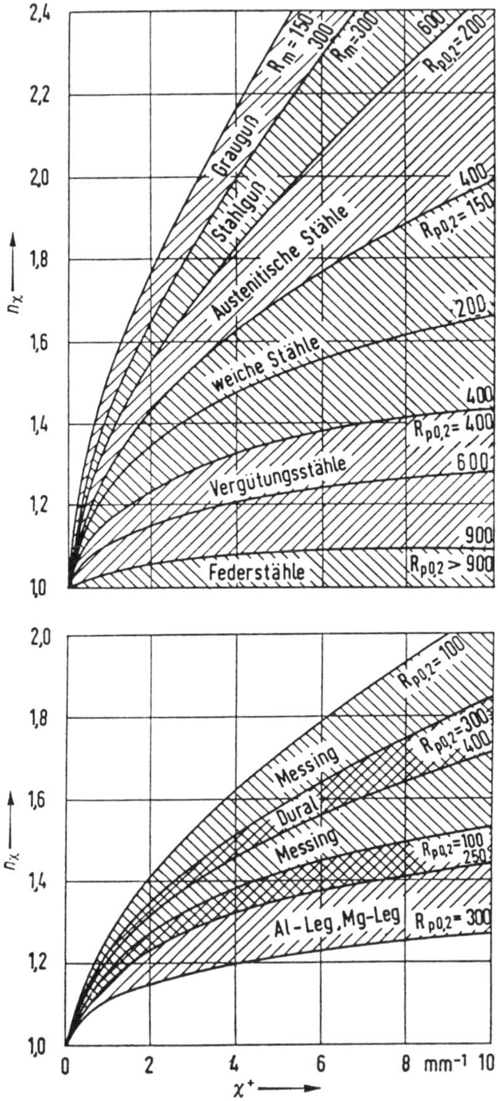

Abb. 9.9:
Dynamische Stützziffer in Abhängigkeit vom Spannungsgefälle ($R_{p0,2}$ und R_m in N/mm²)

Für die am häufigsten verwendeten Konstruktionswerkstoffe, die feritisch-perlitischen Stähle, läßt sich das beschriebene Verfahren mit einigen bei technischen Bauteilen in aller Regel zulässsigen Vereinfachungen (z.B. $\chi^+ \approx \chi_k^+$) auch auf eine kurze Berechnungsformel zurückführen. Man erhält die Kerbwirkungszahl dann näherungsweise zu

$$\beta_k = \frac{\alpha_k}{1 + \frac{55}{R_e}\sqrt{\frac{C}{\rho}}}$$

(Streckgrenze R_e bzw. 0,2-Grenze $R_{p0,2}$ in N/mm²; Kerbradius ρ in mm; $C = 2$ bei Zug/Druck und Biegung; $C = 1$ bei Torsion)

9.2.2 Auswirkung auf das Festigkeitsverhalten

Wie im letzten Abschnitt dargelegt, ist ein Schwingungsbruch zu erwarten, wenn

$$\sigma_{a\,max} = \sigma_A$$

ist. Um zu verhindern, daß es dazu kommt, muß die maximale Spannungsamplitude begrenzt werden. Dies geschieht über die Festigkeitsbedingung

$$\sigma_{a\,max} \leq \sigma_{a\,zul}$$

Dabei ist

$$\sigma_{a\,max} = \beta_k \sigma_{an}$$

und

$$\sigma_{a\,zul} = \sigma_A / S_D$$

Dies gilt gleichermaßen für zähe und spröde Werkstoffe, da der Schwingungsbruch – makroskopisch gesehen – immer ein verformungsloser Bruch ist. Die Größe von β_k hingegen hängt stark von Werkstoffart und -zustand ab. So liegt bei den Stählen die Kerbwirkungszahl – für gleiche Formzahl – um so niedriger bzw. die Stützziffer n_χ um so höher, je zäher der Werkstoff ist. Für hochfeste Stähle mit entsprechend geringem Verformungsvermögen ist $\beta_k \approx \alpha_k$. Andererseits erhält man für den spröden Werkstoff Grauguß relativ niedrige β_k-Werte. Dies ist offensichtlich auf die starke "innere" Kerbwirkung durch die Graphitlamellen zurückzuführen, durch welche die Wirkung der "äußeren" Kerben weitgehend überdeckt wird.

Der Oberflächenzustand, ausgedrückt durch den Oberflächenfaktor f nach Abb. 7.13, spielt an Kerbstellen technischer Bauteile i.allg. keine Rolle. Dies liegt zum einen daran, daß konstruktive Kerben aufgrund ihrer Herstellung (Feindrehen, Schleifen) meist schon eine gute Oberfläche aufweisen, und daß zum andern die von der geometrischen Form ausgehende Kerbwirkung meist wesentlich stärker ist als die einer rauhen Oberfläche. Der Dauerschwingfestigkeit σ_A des Werkstoffs kann daher normalerweise der polierte Zustand zugrundegelegt werden. Der Oberflächenfaktor f ist allenfalls bei sehr milden Kerben zu berücksichtigen.

In Tabelle 9.2 sind die in den Abschnitten 9.2.1 und 9.2.2 abgeleiteten Festigkeitsbedingungen für Bauteile mit konstruktiv bedingten Kerben noch einmal zusammengestellt.

Beanspruchung	Werkstoff	Versagensart	Festigkeitsbedingung
statisch	zäh	Fließen	$\boldsymbol{\sigma_{\mathbf{max}} \le \sigma_{\mathbf{zul}}}$ $\sigma_{max} = \alpha_k \cdot \sigma_n$ | $\sigma_{zul} = n_{pl} R_e / S_F$
		Bruch	$\boldsymbol{\sigma_{\mathbf{n}} \le \sigma_{\mathbf{zul}}}$ $\sigma_{zul} = R_m / S_B$
	spröd	Bruch	$\boldsymbol{\sigma_{\mathbf{max}} \le \sigma_{\mathbf{zul}}}$ $\sigma_{max} = \alpha_k \cdot \sigma_n$ | $\sigma_{zul} = R_m / S_B$
schwingend	zäh/spröd	Schwingungsbruch	$\boldsymbol{\sigma_{\mathbf{a\,max}} \le \sigma_{\mathbf{a\,zul}}}$ $\sigma_{a\,max} = \beta_k \sigma_{an}$ | $\sigma_{a\,zul} = \sigma_A / S_D$

Tab. 9.2: Festigkeitsbedingungen bei Kerbwirkung

9.2.3 Beispiel: Abgesetzter Rundstab

Der abgebildete abgesetzte Rundstab ($D = 50\,\text{mm}, d = 25\,\text{mm}$, Oberfläche poliert) wird durch die axiale Kraft F auf Zug bzw. Druck belastet.

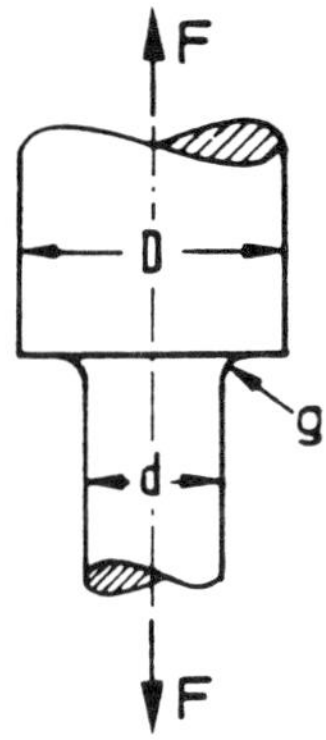

a) Wie groß muß der Radius ρ sein, damit die Formzahl $\alpha_k = 2$ wird?

b) Welche (rein) wechselnd wirkende Kraft $\pm F$ ist dann zulässig, wenn der Stab
1) aus St 42
2) aus GG-40
besteht?

a) Aus A9 ist für $D/d = 50/25 = 2$ und $\alpha_k = 2$:

$$\rho/d = 0{,}1$$

und damit $\rho = 0{,}1 \cdot 25 = 2{,}5\,\text{mm}$

b) Festigkeitsbedingung

$$\sigma_{a\,max} \leq \sigma_{a\,zul}$$

Dabei ist

$$\sigma_{a\,max} = \beta_k \sigma_{an} = \beta_k F/A_k = 4\beta_k F/\pi d^2$$

und

$$\sigma_{a\,zul} = \sigma_A/S_D = \sigma_W/S_D$$

Die zulässige Kraft ergibt sich damit aus der Festigkeitsbedingung zu

$$F = \frac{\pi d^2 \sigma_W}{4\beta_k S_D}$$

Die Werte für σ_W und β_k müssen für die beiden Werkstoffe getrennt bestimmt werden.

1) St 42: Für $R_m = 420\,\mathrm{N/mm^2}$ und polierte Oberfläche ist aus Abb. 7.12 abzulesen: $\sigma_W = 175\,\mathrm{N/mm^2}$

Aus Tab. 9.1 entnimmt man

$$\chi^+ = \frac{2}{\rho} = \frac{2}{2,5} = 0,80\,\mathrm{mm^{-1}}$$

Für $\chi^+ = 0,80\,\mathrm{mm^{-1}}$ und $R_e = 260\,\mathrm{N/mm^2}$ erhält man aus Abb. 9.9: $n_\chi \approx 1,2$

Damit wird $\beta_k = \alpha_k/n_\chi = 2/1,2 = 1,67$

(β_k nach Näherungsformel:

$$\beta_k = \frac{\alpha_k}{1 + \frac{55}{R_e}\sqrt{\frac{C}{\rho}}} = \frac{2}{1 + \frac{55}{250}\sqrt{\frac{2}{2,5}}} = \frac{2}{1,19} = 1,68\,)$$

Mit $S_D = 2,0$ wird

$$F = \frac{\pi \cdot 25^2 \cdot 175}{4 \cdot 1,67 \cdot 2,0} = 25\,719\ \mathrm{N} \approx 25,7\ \mathrm{kN}$$

2) GG-40: Für $R_m = 400\ \mathrm{N/mm^2}$ und polierte Oberfläche ist aus A3 abzulesen: $\sigma_w = 85\ \mathrm{N/mm^2}$

Für $\chi^+ = 0,80\ \mathrm{mm^{-1}}$ und $R_m = 400\mathrm{N/mm^2}$ erhält man aus Abb. 9.9: $n_\chi \approx 1,36$ (extrapoliert)

Damit wird $\beta_k = \alpha_k/n_\chi = 2/1,36 = 1,47$ und mit $S_D = 2,0$

$$F = \frac{\pi \cdot 25^2 \cdot 85}{4 \cdot 1,47 \cdot 2,0} = 14\,192\ \mathrm{N} \approx 14,2\ \mathrm{kN}$$

10 Einflüsse auf das Werkstoffverhalten

Jede Festigkeitsberechnung eines Bauteils besteht letzten Endes darin, daß man die aus der äußeren Belastung resultierende maximale (Vergleichs-) Spannung $\sigma_{(v)max}$ mit der für den Werkstoff unter den jeweiligen Betriebsbedingungen zulässigen Spannungen σ_{zul} vergleicht. Die Festigkeitsbedingung, die zum Nachweis der Festigkeit erfüllt sein muß, lautet dann

$$\sigma_{(v)max} \leq \sigma_{zul}$$

Die zulässige Spannung wird gebildet als

$$\sigma_{zul} = K/S$$

wobei K der in Betracht kommende Werkstoffkennwert und $S(\geq 1)$ ein den Umständen angemessener Sicherheitsbeiwert ist. Welcher Werkstoffkennwert – der ja eine Festigkeitsgrenze kennzeichnet – bei der Bestimmung der zulässsigen Spannung einzusetzen ist, hängt von den im Einzelfall herrschenden Bedingungen ab, durch die das Werkstoffverhalten beeinflußt wird. Die wesentlichsten Einflußgrößen bei statischer Beanspruchung sind

- die Werkstoffeigenart
- die Temperatur und
- der Spannungszustand

10.1 Werkstoffeigenart

Die spezifischen Eigenschaften eines bestimmten Werkstoffs kommen im Zugversuch in Form des Spannungs-Dehnungs-Diagramms zum Ausdruck. Dies zeigt Abb. 10.1, wo die Diagramme verschiedener Werkstoffe – stellvertretend für bestimmte Werkstoffgruppen – wiedergegeben sind. In ihnen spiegelt sich der Einfluß der Werkstoffeigenart auf die Form dieses Diagramms wider. Man kann dabei zunächst einmal unterscheiden zwischen zähen und spröden Werkstoffen. Die zähen Werkstoffe – in Abb. 10.1 die Stähle – besitzen ein ausgeprägtes plastisches Verformungsvermögen, während sich die spröden Werkstoffe – in Abb. 10.1 das Gußeisen – bis zum Bruch fast nur elastisch verformen. Bei den Stählen wiederum sieht man, daß mit steigender Festigkeit – also mit zunehmendem Formänderungswiderstand – die Zähigkeit – also das Formänderungsvermögen – abnimmt. Eine Ausnahme hiervon bilden die austenitischen Stähle, die zwar eine niedrige Streckgrenze, aber eine relativ hohe Zugfestigkeit und ein sehr starkes Verfestigungs- und Verformungsvermögen besitzen. Durch das Spannungs-Dehnungs-Diagramm ist das Festigkeits- und Formänderungsverhalten eines bestimmten Werkstoffs charakterisiert. Man kann aber auch für ein und denselben Werkstoff ganz unterschiedliche Spannungs-Dehnungs-Diagramme erhalten, je nach der Zustandsform dieses Werkstoffs. Dies geht aus Abb. 10.2 hervor, wo als Beispiel dafür die Spannungs-Dehnungs-Diagramme des Werkstoffs St 60 für normalgeglühten, vergüteten und gehärteten Zustand dargestellt sind. Auch hier zeigt sich wieder, daß das Verformungsvermögen umso geringer wird, je mehr man – durch eine bestimmte Wärmebehandlung – die Festigkeit steigert.

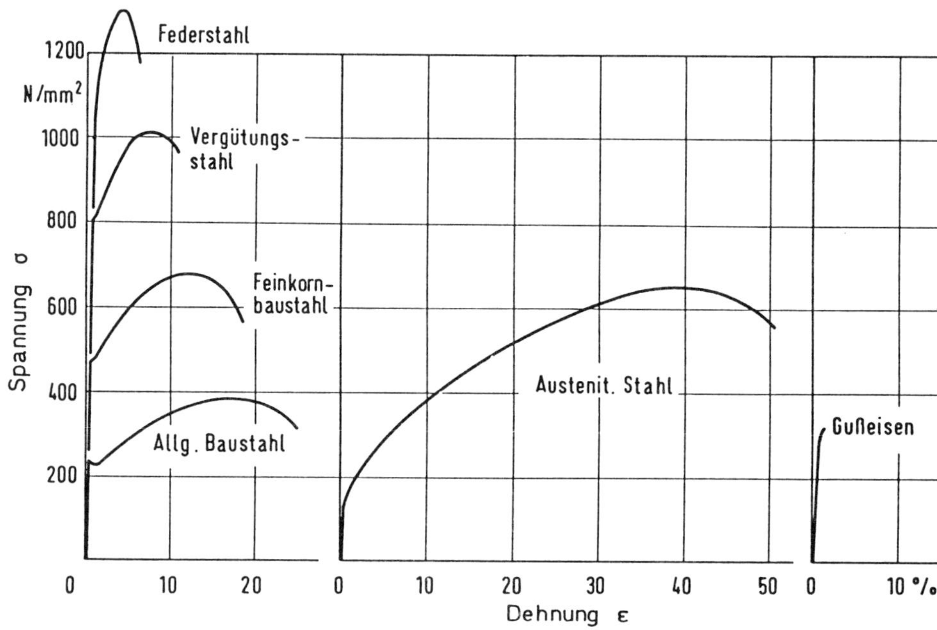

Abb. 10.1: Spannungs-Dehnungs-Diagramme verschiedener Werkstoffe

Die Werkstoffeigenschaften lassen sich durch Legierungszusätze in weiten Grenzen verändern und damit bestimmten Verwendungszwecken anpassen. Wichtigstes Begleitelement im Eisen ist der Kohlenstoff. Er ist zur Erzielung ausreichender Festigkeit der Stähle unerläßlich (und gilt deshalb nicht als Legierungselement im eigentlichen Sinn). Dies geht aus Abb. 10.3 hervor, wo die Abhängigkeit der Festigkeits- und Verformungskennwerte unlegierter Stähle vom Kohlenstoff dargestellt ist.

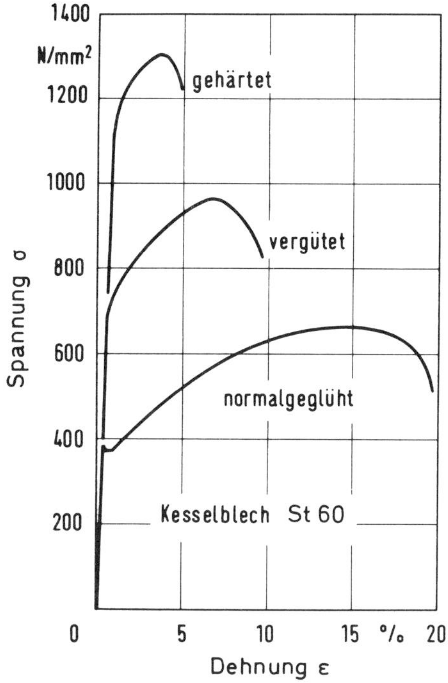

Abb. 10.2:
Spannungs-Dehnungs-Diagramme bei unterschiedlichem Werkstoffzustand

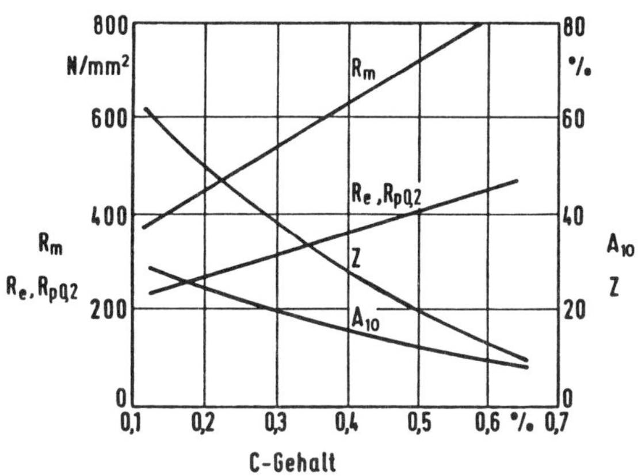

Abb. 10.3:
Einfluß des Kohlenstoffgehalts auf die Werkstoffkennwerte (schematisch)

Auch eine Kaltverformung vermag die Werkstoffeigenschaften beträchtlich zu verändern, wie aus Abb. 10.4 zu erkennen ist. Das Formänderungsvermögen nimmt dabei infolge der vorweggenommenen plastischen Verformungen mehr oder weniger stark ab, die Festigkeit steigt an.

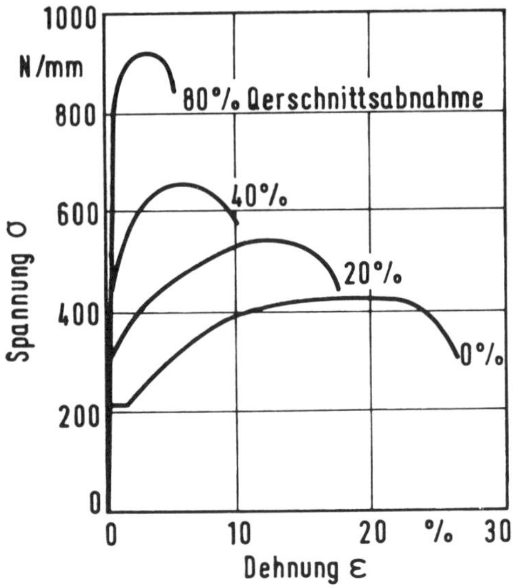

Abb. 10.4:
Einfluß der Kaltverformung auf das Spannungs-Dehnungs-Diagramm (kaltgezogener Stahldraht mit 0,07 % C)

10.2 Temperatur

Die mechanischen Eigenschaften der metallischen Werkstoffe sind temperaturabhängig. Man muß deshalb darauf achten, daß die für die jeweilige Betriebstemperatur gültigen Kennwerte verwendet werden. Sie ändern sich in unterschiedlicher Weise, wenn man von der normalen Umgebungstemperatur ("Raumtemperatur", ca. 20°C) zu hohen bzw. tiefen Temperaturen übergeht.

10.2.1 Hohe Temperaturen

Mit steigender Temperatur nimmt im allgemeinen die Festigkeit ab, die Verformungsfähigkeit zu wie Abb. 10.5 zeigt. Hier sind die Festigkeitskennwerte R_e bzw $R_{p0,2}$ und R_m sowie die Verformungskennwerte A_5 und Z dreier Werkstoffe in Abhängigkeit von der Temperatur wiedergegeben. Eine Ausnahme bildet bei Stählen mit niedrigem Kohlenstoffgehalt der Temperaturbereich um 250°C. Hier kann die Zugfestigkeit noch einmal ein Maximum durchlaufen, während die Formänderungsgrößen ihre niedrigsten Werte annehmen. Diese als Blausprödigkeit bekannte Erscheinung wird durch Ausscheidungen im Werkstoffgefüge verursacht.

Von bestimmten Temperaturen an, die für jedes Metall kennzeichnend sind, tritt in einem verformten Gefüge Kristallerholung bzw. Rekristallisation ein. Unter Kristallerholung versteht man die Aufhebung der durch die Kaltverformung entstandenen Verfestigung, unter Rekristallisation die Neubildung des verformten Gefüges. Im Temperaturbereich der Kristallerholung und mehr noch der Rekristallisation kann sich der Werkstoff also während der Verformung nicht mehr verfestigen. Einmal zum Fließen gebracht, fließt er mehr oder weniger stark weiter, solange die Belastung in gleichbleibender Höhe wirkt: Der Werkstoff kriecht.

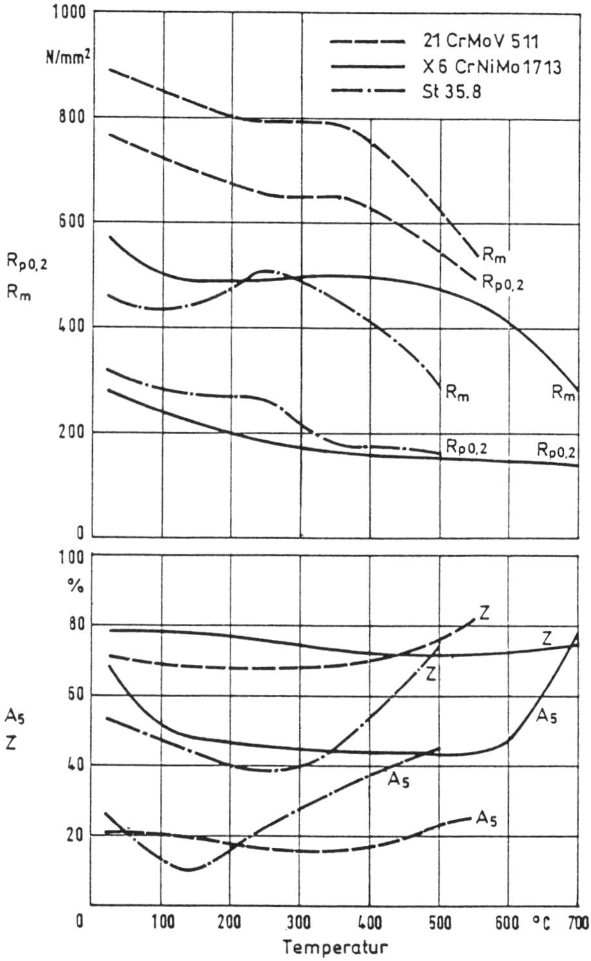

Abb. 10.5: Festigkeits- und Verformungskennwerte verschiedener Werkstoffe bei hohen Temperaturen

Die Kristallerholungstemperatur bildet somit die obere Grenze für die Anwendbarkeit der in Kurzzeitversuchen bei Raumtemperatur oder erhöhten Temperaturen – jedoch unterhalb der Kristallerholungstemperatur – gewonnenen Festigkeitskennwerte. Sie liegt für unlegierte Stähle bei ca. 400°C, für niedriglegierte Stähle bei

450 – 500°C und für hochlegierte warmfeste Stähle bei 550 – 650°C. Bis zu diesen Temperaturen sind als Festigkeitskennwerte die Warmstreckgrenze $R_{p0,2/\vartheta}$ (eine etwa vorhandene ausgeprägte Streckgrenze verschwindet mit zunehmender Temperatur) und die Warmzugfestigkeit $R_{m/\vartheta}$ maßgebend. Man bestimmt sie wie im normalen Zugversuch, nur daß die Zugprobe in einem Ofen auf die gewünschte Temperatur ϑ erwärmt und dann zu Bruch gebracht wird.

Für Beanspruchungen oberhalb der Kristallerholungs- oder Rekristallisationstemperatur müssen dagegen in Langzeitversuchen neue Werkstoffkennwerte ermittelt werden, die dem Einfluß der Belastungszeit auf das Festigkeitsverhalten Rechnung tragen. Dazu wird in einem Zeitstandversuch ein Probestab durch eine zeitlich konstante Zugkraft (Gewichtsbelastung) bei bestimmter Temperatur belastet, und die dabei auftretenden Dehnungen ständig oder in regelmäßigen Zeitabständen bis zum Bruch gemessen. Man gewinnt auf diese Weise eine Kriechkurve $\varepsilon(t)$ für eine bestimmte Belastung und Temperatur. Durch Änderung der Belastung und der Temperatur erhält man Scharen von Kriechkurven, die das Zeitstandverhalten des betreffenden Werkstoffs kennzeichnen. Aus ihnen kann man schließlich die für das Werkstoffverhalten unter Zeitstandbeanspruchung maßgebenden Festigkeitskennwerte bestimmen. Dies sind die Zeitdehngrenze $R_{p1/10^5/\vartheta}$ und die Zeitstandfestigkeit $R_{m/10^5/\vartheta}$.

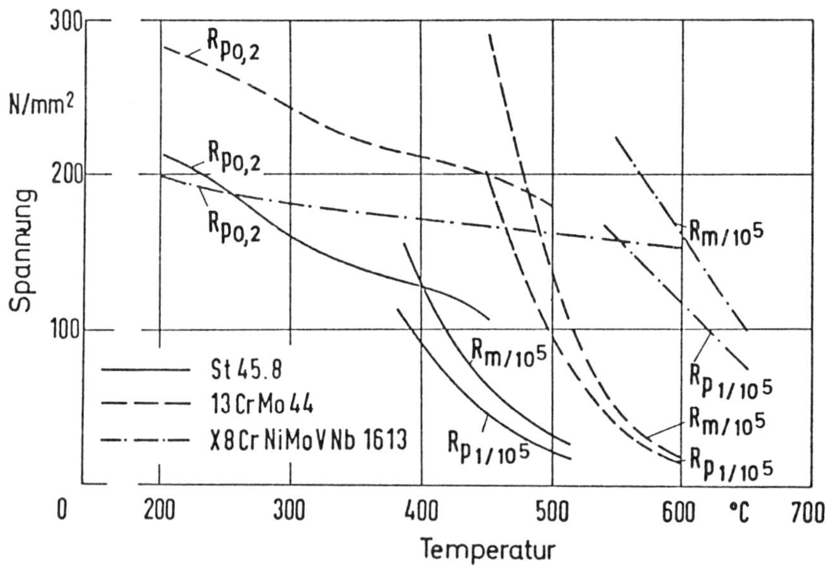

Abb. 10.6: Festigkeitskennwerte verschiedener Stähle bei hohen Temperaturen

Die Zeitdehngrenze $R_{p1/10^5/\vartheta}$ bzw. die Zeitstandfestigkeit (Zeitbruchgrenze) $R_{m/10^5/\vartheta}$ ist diejenige Spannung, die unter statischer Beanspruchung bei der Temperatur ϑ nach 10^5 Stunden (= 11,4 Jahre) eine bleibende Dehnung von 1 % bzw. einen Bruch hervorruft. Abb. 10.6 zeigt am Beispiel dreier Werkstoffe – eines unlegierten, eines niedriglegierten und eines hochlegierten Stahls – die Abhängigkeit dieser Kennwerte sowie der Warmstreckgrenze $R_{p0,2}$ von der Temperatur.

Man erkennt hier deutlich die durch die starke Abnahme von $R_{p1/10^5}$ und $R_{m/10^5}$ gezogenen Temperaturgrenzen, bis zu denen diese Werkstoffe verwendet werden können. Als zulässige Spannung für die Festigkeitsberechnung ist dann der niedrigste Wert einzusetzen, der sich bei der Betriebstemperatur aus den folgenden Werkstoffkennwerten und Sicherheitsbeiwerten (für Stähle) ergibt:

Warmstreckgrenze	$R_{p0,2/\vartheta}$	S = 1,5 - 1,8
Zeitdehngrenze	$R_{p1/10^5/\vartheta}$	S = 1
Zeitstandfestigkeit	$R_{m/10^5/\vartheta}$	S = 1,5 - 1,8

Außerdem muß noch ein bestimmter Sicherheitsabstand für die Temperatur – in der Regel mindestens 15°C – bis zum Erreichen der Zeitstandfestigkeit vorhanden sein (Temperatursicherheit, s. Beispiel 10.4 b)).

10.2.2 Tiefe Temperaturen

Mit sinkender Temperatur nimmt der Formänderungswiderstand der metallischen Werkstoffe und damit auch Streckgrenze bzw. 0,2-Dehngrenze und Zugfestigkeit mehr oder weniger stark zu. Bauteile, die für die Beanspruchung bei Raumtemperatur ausreichend dimensioniert sind, müßten demnach die gleiche Beanspruchung erst recht in der Kälte ertragen können. (Spezielle Festigkeitskennwerte für tiefe Temperaturen stehen i.allg. nicht zur Verfügung). Dies ist theoretisch wohl richtig, trifft aber für die Verhältnisse der technischen Praxis nur bedingt zu. Der Grund dafür liegt im Verformungsverhalten der Werkstoffe. Während nämlich bei einem Teil der Metalle die Verformungskennwerte – Bruchdehnung und Brucheinschnürung – mit sinkender Temperatur annähernd konstant bleiben oder sogar leicht zunehmen, fällt bei einem anderen Teil die Verformungsfähigkeit bei bestimmten tiefen Temperaturen plötzlich stark ab. Dieser oft nahezu schlagartige Abfall der Formänderungskennwerte tritt bevorzugt bei Metallen mit kubisch raumzentriertem Gitter (α-Eisen, unlegierte und niedriglegierte Stähle) und mit hexagonalem Gitter (Zink, Magnesium), nicht aber bei solchen mit kubisch flächenzentriertem Gitter (γ-Eisen, austenitische Stähle, Aluminium, Kupfer, Nickel) auf. Abb. 10.7 zeigt dies am Beispiel dreier Werkstoffe, deren Festigkeits- und

Verformungskennwerte in Abhängigkeit von der Temperatur dargestellt sind.

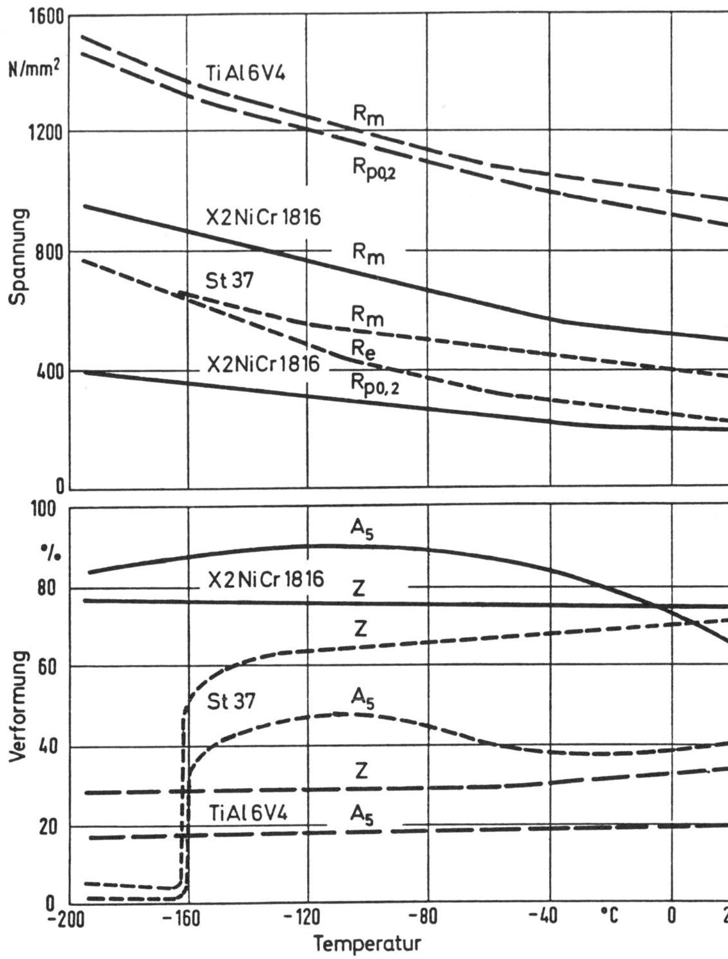

Abb. 10.7: Festigkeits- und Verformungskennwerte verschiedener Werkstoffe bei tiefen Temperaturen

Der plötzliche Verlust des plastischen Verformungsvermögens bestimmter Werkstoffe bei tiefen Temperaturen ist für das Festigkeitsverhalten technischer Bauteile deshalb von Bedeutung, weil er die Gefahr eines Sprödbruchs mit sich bringt. Die höchste Spannung tritt meist in Form einer – mehr oder minder ausgeprägten – Spitze auf, deren Größe bei der Festigkeitsberechnung meist so begrenzt wird, daß sie mit einer bestimmten Sicherheit unter der Streckgrenze des Werkstoffs bleibt.

Trotzdem kann es vorkommen, daß eine Spannungsspitze die Streckgrenze erreicht oder übersteigt, etwa durch kurzzeitige Überbeanspruchung (Stöße) oder infolge von Eigenspannungen, wie sie insbesondere in Schweißkonstruktionen auftreten können, rechnerisch aber kaum zu erfassen sind. Derartige Spannungserhöhungen über den rechnerischen Höchstwert hinaus führen in der Regel dennoch zu keinem Schaden, solange sich der Werkstoff in ausreichendem Maße plastisch zu verformen vermag. Sobald nämlich eine Spannungsspitze die Fließgrenze des Werkstoffs erreicht, kann sie zunächst nicht größer werden, sondern bewirkt eine – meist lokal eng begrenzte – plastische Verformung des Werkstoffs, durch welche die ursprünglich vorhandene Spitze der Spannungsverteilung abgeflacht wird. Bei Raumtemperatur reicht die Verformungsfähigkeit eines zähen Werkstoffs normalerweise aus, um solche unvorhergesehenen Spannungsspitzen durch örtliches plastisches Fließen aufzunehmen. Ist das plastische Formänderungsvermögen jedoch verloren gegangen, wie dies bei Werkstoffen mit kubisch raumzentriertem und hexagonalem Gitter bei bestimmten tiefen Temperaturen möglich ist, so kann die gleiche Beanspruchung zu einem verformungslosen Bruch – einem Sprödbruch – führen.

Die kritische Temperatur, bei der diese Versprödung einsetzt, ist für ein Bauteil aus einem bestimmten Werkstoff nicht konstant, sondern hängt von verschiedenen Faktoren ab. Sie wird mit zunehmender Kerbschärfe, mit steigender Formänderungsgeschwindigkeit, durch vorangegangene Kaltverformung und/oder ungünstige Betriebstemperaturen (Alterung) zu höheren Temperaturen verschoben, unter Umständen bis zur Raumtemperatur und darüber. Man bestimmt sie als sog. Übergangstemperatur – bei der der zähe in den spröden Bruch übergeht – mit dem Kerbschlagbiegeversuch. Dabei wird eine gekerbte Probe durch den Schlag eines Pendelhammers durchbrochen. Die hierfür benötigte Schlagarbeit A_v kann als Maß für die Verformungsfähigkeit des Werkstoffs unter erschwerten Bedingungen gelten. Die Kerbschlagzähigkeit weist grundsätzlich die gleiche Temperaturabhängigkeit auf wie die anderen Verformungskennwerte, der Steilabfall setzt jedoch wegen der ungünstigeren Versuchsbedingungen schon bei höheren Temperaturen ein.

Der beschriebene Zähigkeitsverlust bestimmter Werkstoffe bei tiefen Temperaturen wird durch die Festigkeitsberechnung nicht direkt erfaßt, da die zulässige Spannung aus den Festigkeitskennwerten und nicht aus den Verformungskennwerten bestimmt wird. Wenn daher den Betriebsbedingungen nach für ein Bauteil die Gefahr der Temperaturversprödung besteht, so muß dies bei der Auswahl und Verarbeitung des Werkstoffs berücksichtigt werden.

10.3 Spannungszustand

Der Einfluß des Spannungszustandes auf das Werkstoffverhalten läßt sich sehr anschaulich mit Hilfe des Mohrschen Spannungskreises erklären, wie in Abb. 10.8 gezeigt.

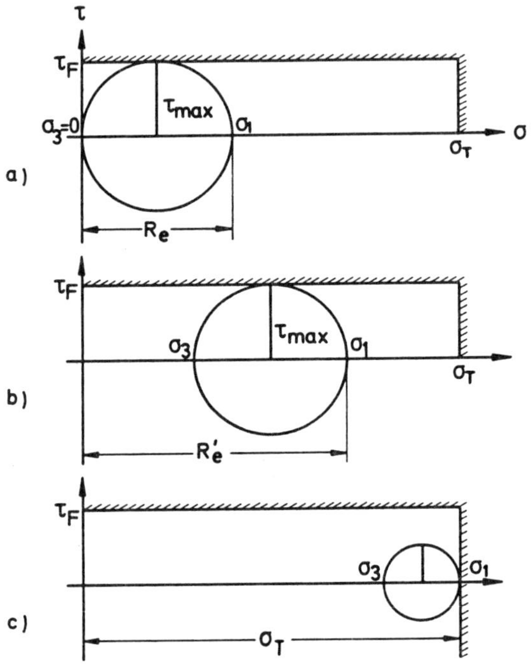

Abb. 10.8: Einfluß des Spannungszustandes auf das Werkstoffverhalten (schematisch)

In das (σ, τ)-Diagramm der Mohrschen Darstellung kann man als Grenzlinien für den Fließbeginn die Gerade $\tau = \tau_F$ und für den Bruch die Gerade $\sigma = \sigma_T$ [1] einzeichnen. Erstere entspricht der Schubspannungshypothese, nach der plastische Verformungen einsetzen, wenn die größte Schubspannung τ_{max} einen kritischen Wert, die Schubfließgrenze τ_F, erreicht; letztere deckt sich mit der Normalspannungshypothese, die einen Bruch voraussagt, sobald die größte Normalspannung σ_1 einen kritischen Wert, nämlich die Trennfestigkeit σ_T, erreicht. Demnach ist mit plastischem Fließen bzw. einem Bruch zu rechnen, wenn der größte Mohrsche Spannungskreis eine der beiden Grenzlinien berührt.

[1] Die Trennfestigkeit σ_T ist diejenige Normalspannung, die zu einer örtlichen Werkstofftrennung in Form eines Anrisses oder Bruches führt. Bei spröden Werkstoffen fällt sie mit der Zugfestigkeit R_m zusammen, bei (im Zugversuch) zähen Werkstoffen liegt sie wesentlich höher.

Im ein- oder zweiachsigen Spannungszustand – Abb 10.8a) – fließt ein verformungsfähiger Werkstoff, wenn $\tau_{max} = \tau_F$ bzw. $\sigma_1 = R_e$ ist (wobei nach der SH $R_e = 2\tau_F$ ist). Derselbe Werkstoff beginnt unter einem dreiachsigen Spannungszustand – Abb.10.8b) – nach dem gleichen Kriterium $\tau_{max} = \tau_F$ erst bei einer höheren Fließgrenze R_e' zu fließen. Ist der Spannungszustand schließlich so stark dreiachsig, daß $\tau_{max} < \tau_F$ ist – Abb. 10.8c) –, so tritt ein Bruch ohne jegliche plastische Verformung ein, sobald $\sigma_1 = \sigma_T$ ist.

Die theoretische Abhängigkeit des Werkstoffverhaltens vom Spannungszustand, wie sie sich qualitativ aus Abb.10.8 ergibt, drückt sich praktisch im Spannungs-Dehnungs-Diagramm des betreffenden Werkstoffs aus. Als Beispiel hierfür zeigt Abb. 10.9 die (σ, ε)-Diagramme eines glatten und dreier gekerbter Zugstäbe mit unterschiedlichen Formzahlen α_k aus dem Werkstoff C45. In den Kerbstäben herrscht ein dreiachsiger inhomogener Spannungszustand, wobei der Grad der Inhomogenität durch die Formzahl gekennzeichnet wird. Näherungsweise gilt das auch für die Mehrachsigkeit, da Inhomogenitäts- und Mehrachsigkeitsgrad des Spannungszustandes in den Kerbstäben miteinander verknüpft sind.

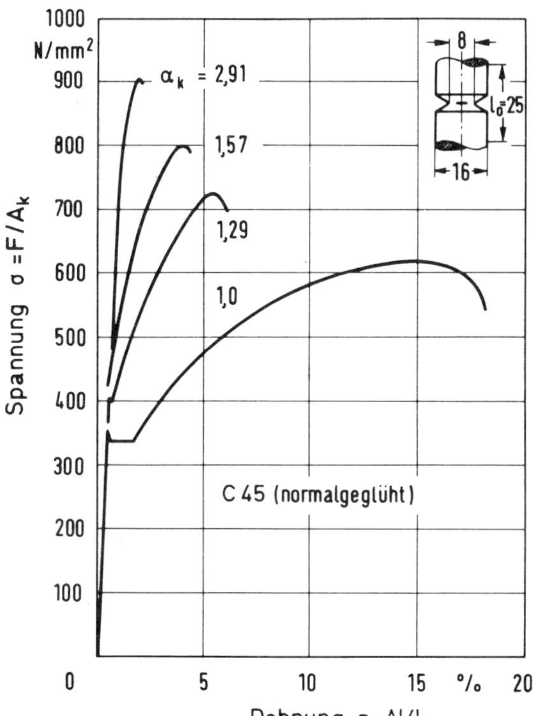

Abb. 10.9: Spannungs-Dehnungs-Diagramme bei unterschiedlicher Kerbschärfe

Wie man sieht, liegt die Fließgrenze und die ertragbare Höchstlast, die sich als Kerbzugfestigkeit $R_{mk} = F_{max}/A_k$ ausdrücken läßt, um so höher und die Bruchdehnung um so niedriger, je "schärfer" die Kerbe ist, d.h. je ausgeprägter Inhomogenität und Mehrachsigkeit des Spannungszustandes sind. Der mehrachsige Spannungszustand im Innern der Kerbstäbe wirkt fließbehindernd, wodurch das plastische Verformungsvermögen verringert und gleichzeitig die Belastbarkeit erhöht wird.

10.4 Beispiel: Dampfkesselrohr

Ein von außen beheiztes Dampfkesselrohr aus 15 Mo 3 mit dem Außendurchmesser $d_a = 38$ mm soll für einen statischen Innendruck von $p = 180$ bar und eine Rohrtemperatur von $\vartheta = 400°$C ausgelegt werden (Werkstoffkennwerte siehe Diagramm).

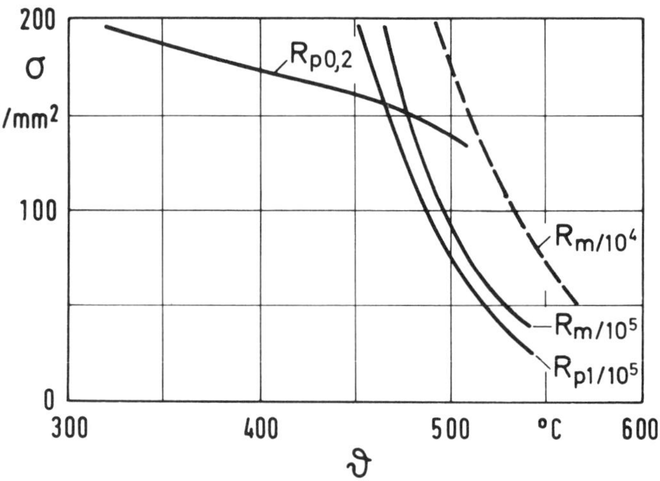

a) Wie groß muß die rechnerische Wanddicke sein, wenn der Berechnung die Schubspannungshypothese zu Grunde gelegt wird?

b) Aus Fertigungsgründen wird das Rohr mit einer Wanddicke von $s = 3$ mm ausgeführt. Wie groß ist im Betrieb die Temperatursicherheit gegenüber der Zeitstandfestigkeit ?

c) Nach 10 000 Betriebsstunden unter gleichbleibenden Bedingungen ist das Rohr gerissen. Bei der Schadensuntersuchung wurde festgestellt, daß sich offenbar schon kurz nach der Inbetriebnahme an der Rohrinnenwand eine Schicht gebildet hatte, die zu einer Erhöhung des Wärmewiderstands der Wand und somit zu einer höheren Rohrtemperatur führte. Wie hoch war demnach ungefähr die Rohrtemperatur?

a) Festigkeitsbedingung: $\sigma_v \leq \sigma_{zul}$

Nach der SH ist $\sigma_v = \dfrac{pd_m}{2s} = \dfrac{p(d_a - s)}{2s} = \dfrac{pd_a}{2s} - \dfrac{p}{2}$

Für $\vartheta = 400°C$ ist laut Diagramm $R_{p0,2} = 175$ N/mm^2 ($R_{p1/10^5}$ und $R_{m/10^5}$ kommen hier noch nicht zur Wirkung).

Die zulässige Spannung beträgt somit

$$\sigma_{zul} = \frac{R_{p0,2/400}}{S_F} = \frac{175}{1,5} = 116,7\,\mathrm{N/mm^2}$$

Damit wird

$$\frac{pd_a}{2s} - \frac{p}{2} = \sigma_{zul}$$

$$s = \frac{pd_a}{2(\sigma_{zul} + \frac{p}{2})} = \frac{18 \cdot 38}{2(116,7 + 9)} = 2,72\,\mathrm{mm}$$

b) Betriebsbeanspruchung: $\sigma_v = \dfrac{pd_m}{2s} = \dfrac{18 \cdot 35}{2 \cdot 3} = 105$ N/mm^2

Betriebstemperatur: $\vartheta = 400\,°C$

Damit ist für den Betriebspunkt A (σ_v, ϑ) aus dem Diagramm als Temperatursicherheit gegen $R_{m/10^5}$ abzulesen (s. Skizze): $\Delta\vartheta = 95\,°C$

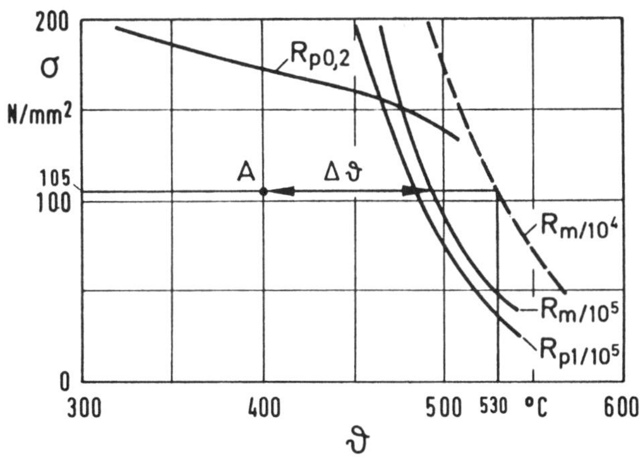

c) Die Rohrtemperatur, bei der nach 10^4 Stunden unter gleichbleibender Betriebsbeanspruchung der Bruch eingetreten ist, ergibt sich aus dem Schnittpunkt der Geraden $\sigma_v = 105\ \mathrm{N/mm^2}$ mit der R_m-Kurve. Dafür ist aus dem Diagramm abzulesen (s. Skizze): $\vartheta = 530\,^{\circ}\mathrm{C}$.

11 Prinzipien der Festigkeitsberechnung

Mit der Festigkeitsberechnung soll verhindert werden, daß ein Bauteil "versagt", d.h. seine Funktion nicht mehr erfüllen kann, also unbrauchbar wird. Die Funktionsfähigkeit kann auf ganz unterschiedliche Weise verloren gehen, z.B.

- durch das Auftreten zu großer plastischer Verformungen
- durch einen Anriß oder Bruch
- durch Instabilität
- durch mechanische Abnutzung
- durch chemische Angriffe

Die beiden letzten Möglichkeiten, das Versagen durch mechanische Abnutzung, wie Verschleiß und Abrieb, und durch chemische oder elektrochemische Angriffe, wie Korrosion, lassen sich mit der Festigkeitsberechnung nicht erfassen. Ihnen muß durch andere Maßnahmen Rechnung getragen werden, z.B. durch die Auswahl geeigneter Werkstoffe. Instabilitätsvorgänge, wie das Knicken schlanker Stäbe unter Druckbeanspruchung, oder das Einbeulen dünnwandiger Druckbehälter unter Außendruck, lassen sich wohl rechnerisch erfassen, doch spielt dabei die Festigkeit des Werkstoffs so gut wie keine Rolle. Maßgebend ist die geometrische Gestalt des Bauteils, von den Werkstoffeigenschaften ist nur der Elastizitätsmodul von Einfluß. Als hauptsächliche Versagensarten, gegen die sich die Festigkeitsberechnung richten muß, bleiben somit die plastische Deformation ("Fließen") sowie der Anriß bzw. Bruch übrig. Im folgenden soll untersucht werden, welche Folgerungen für die Festigkeitsberechnung aus den Auswirkungen dieser Versagensmöglichkeiten im Hinblick auf die Sicherheit eines Bauteils zu ziehen sind. Dabei unterteilt man die Beanspruchung zweckmäßigerweise in statisch und schwingend und das Werkstoffverhalten – soweit nötig – in zäh und spröde.

11.1 Statische Beanspruchung

11.1.1 Zähe Werkstoffe

Für zähe Werkstoffe ist das Fließen die maßgebende Versagensart. Dabei ist hinsichtlich der Auswirkungen zu unterscheiden, ob die Spannungsverteilung homogen oder inhomogen ist. Unter homogener Spannungsverteilung setzt das Fließen bei Erreichen der Streckgrenze im ganzen gefährdeten Querschnitt gleichzeitig ein, und es hält – idealplastisches Verhalten vorausgesetzt – solange an, bis sich der Werkstoff wieder verfestigt. In diesem Fall können sich plastische Dehnungen in der

Größenordnung von mehreren Prozenten einstellen. Man bezeichnet das als allgemeines Fließen und versteht darunter das Auftreten plastischer Formänderungen über große oder zumindest größere Bereiche eines Bauteils. Dies ist sicherlich als ein potentieller Versagensfall anzusehen, da sich dabei die Bauteilgeometrie merklich ändert. Das einfachste Beispiel ist ein Stab unter Zug, bei dem nach Erreichen der Streckgrenze infolge der bleibenden Verlängerung eine beträchtliche Formänderung eintritt. Dies kann aber auch – nicht ganz so ausgeprägt – unter der Belastung durch Biegung oder Torsion der Fall sein, wo die Spannungsverteilung nicht mehr homogen ist. So wird sich z.B. ein Balken unter einem über die Länge konstanten Biegemoment schon bei geringen plastischen Randdehnungen merklich durchbiegen, weil die ganze Randschicht zum Fließen kommt. In der Festigkeitsberechnung sucht man alle derartigen, durch allgemeines Fließen verursachten Versagensfälle dadurch auszuschließen, daß man die Nennspannung mit ausreichender Sicherheit unter der Streckgrenze hält. Die Festigkeitsbedingung lautet dementsprechend:

$$\sigma_n \leq R_e/S_F$$

Bei ausgesprochen inhomogener Spannungsverteilung – also insbesondere bei jeder Art von Kerbwirkung – sind die Verhältnisse grundsätzlich anders. Hier beginnt der Werkstoff an der höchstbeanspruchten Stelle zu fließen, sobald die Maximalspannung dort die Streckgrenze erreicht. Die plastischen Verformungen bleiben jedoch wegen der nur elastisch beanspruchten Umgebung begrenzt. Großflächige plastische Deformationen – wie unter homogener Beanspruchung – sind hier nicht möglich, es kann hier nur ein "lokales Fließen" eintreten. Dadurch wird ein Bauteil aber nicht unbedingt funktionsunfähig. Der Versagensfall tritt in der Regel erst dann ein, wenn die plastischen Zonen sich zu weit ausgebreitet haben bzw. wenn der Betrag der plastischen Dehnung zu groß geworden ist. Das läßt sich verhindern, wenn man die plastische Dehnung an der Stelle höchster Beanspruchung auf einen unschädlichen Wert begrenzt. In der Festigkeitsberechnung geschieht dies über die Stützziffer, deren Größe von der als zulässig erachteten plastischen bzw. gesamten Dehnung abhängt (vgl. Abschnitt 9.1.2.). Die entsprechende Festigkeitsbedingung lautet

$$\sigma_{max} \leq n_{pl} R_e/S_F$$

Auf welche Größe soll man nun die elastisch-plastische Dehnung an der höchstbeanspruchten Stelle begrenzen? Pauschal gesagt: So, daß das betreffende Bauteil nicht funktionsunfähig wird. Das bedeutet, der zugestandene Dehnungsbetrag darf nicht zu unzulässig großen örtlichen Maßänderungen führen; er darf das Aussehen nicht beeinträchtigen (etwa durch Abplatzen eines Überzugs), und es darf nicht zu einem Anriß im Werkstoff kommen. Die letzte Möglichkeit ist v.a. dann zu beachten, wenn ein Bauteil zwar nominell einer statischen Beanspruchung unterliegt, in Wirklichkeit aber eine begrenzte Anzahl von Be- und Entlastungen auszuhalten hat, beispielsweise beim wiederholten Anfahren und Abschalten einer technischen Anlage. Solange die Zahl solcher Lastwechsel so klein ist, daß sie in den Bereich der statischen Festigkeit der Wöhlerlinie fällt (s. Abb. 7.6), braucht sie nicht berücksichtigt werden. Kommt man jedoch in den Zeitfestigkeitsbereich, so muß man früher oder später mit einem Anriß rechnen, der schließlich zu einem Schwingungsbruch führen kann. Maßgebend für die Rißbildung unter schwingender Beanspruchung ist die Schwingbreite der Gesamtdehnung. Sie muß deshalb so begrenzt werden, daß in der vorgesehenen Gebrauchsdauer kein Anriß entsteht. Mit den in Abschnitt 9.1.2 vorgeschlagenen Beträgen von ε_{max} = 0,5 % für ferritischperlitische Stähle und ε_{max} = 1 % für austenitische Stähle ist aufgrund experimenteller Ergebnisse erst ab Schwingspielzahlen in der Größenordnung von 10^4 bzw. 10^3 mit einem Anriß zu rechnen. Diese Werte erscheinen für den Normalfall angemessen, um das Versagen durch lokales Fließen oder Rißbildung auszuschließen.

Die angeführten Festigkeitsbedingungen zur Begrenzung der Nennspannung und der Maximalspannung müssen stets beide erfüllt sein. Das bedeutet, daß bei inhomogener Spannungsverteilung – dem Regelfall für technische Bauteile – je nach Grad der Ungleichmäßigkeit die eine oder andere Bedingung wirksam werden kann. Dies ist in Abb. 11.1 am Beispiel eines gekerbten Flachstabes unter Zug gezeigt. Im linken Teilbild a) ist wegen des nur wenig ungleichmäßigen Spannungsverlaufs die Begrenzung der Nennspannung maßgebend, während im rechten Teilbild b), wo die Spannungsverteilung sehr ungleichmäßig ist, die Maximalspannung begrenzt werden muß. Dabei können die Sicherheitsbeiwerte in den beiden Festigkeitsbedingungen durchaus verschieden sein.

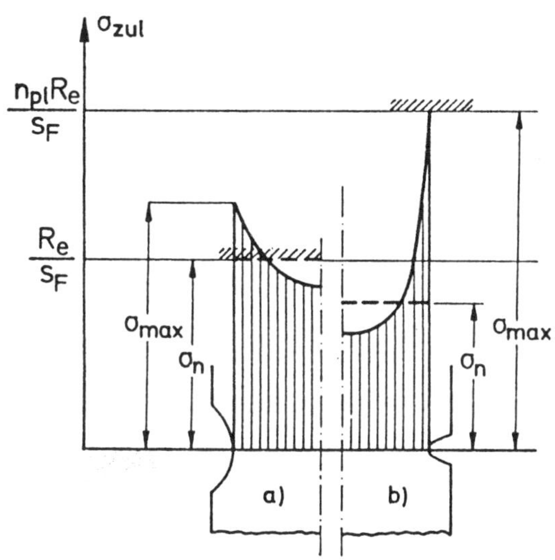

Abb. 11.1:
Zur Begrenzung von Nennspannung und Maximalspannung

Der Bruch spielt bei zähen Werkstoffen unter statischer Belastung als Versagensmöglichkeit i.allg. keine Rolle. In manchen Fällen muß eine ausreichende Bruchsicherheit nachgewiesen werden. Dies geschieht dann gemäß Abschnitt 9.1.2 über die Festigkeitsbedingung

$$\sigma_n \leq R_m/S_B$$

11.1.2 Spröde Werkstoffe

Spröde Werkstoffe verhalten sich – völlig oder nahezu – elastisch bis zum Bruch. Die Spannungsverteilung, die sich im elastischen Zustand ausbildet, bleibt also im wesentlichen erhalten bis zum Versagen. Maßgebend für das Auslösen eines Bruches ist deshalb die Maximalspannung, die bei der Festigkeitsberechnung in voller Höhe einzusetzen ist. Die Festigkeitsbedingung lautet somit

$$\sigma_{max} \leq R_m/S_B$$

11.2 Schwingende Beanspruchung

Die für die schwingende Beanspruchung im Zeit- bzw. Dauerfestigkeitsgebiet typische Versagensart ist der Schwingungsbruch. Er besteht aus einem eigentlichen Schwingungsbruchanteil und dem Restbruch. Während der Restbruch je nach Werkstoff mit oder ohne plastische Verformungen ablaufen kann, ist der Schwingungsbruch makroskopisch betrachtet immer ein spröder Bruch. Maßgebend für das Versagen ist daher die maximale Spannungsamplitude, gleichgültig, ob der Werkstoff zäh oder spröde und ob die Spannungsverteilung homogen oder inhomogen ist. Um einen Schwingungsbruch zu verhindern, muß man dafür sorgen, daß die Festigkeitsbedingung

$$\sigma_{a\,max} \leq \sigma_A/S_D$$

erfüllt ist. Die ertragbare Spannungsamplitude σ_A ist – gegebenenfalls unter Berücksichtigung des Oberflächenfaktors f – dem Dauerfestigkeitsschaubild des Werkstoffs in Abhängigkeit von der Mittelspannung σ_m zu entnehmen oder nach Abschnitt 7.2. näherungsweise zu bestimmen.

Wie in Abschnitt 7.3. erläutert, kann unter einer allgemeinen Schwingbeanspruchung, d.h. bei beliebigem Verhältnis von Spannungsamplitude zu Mittelspannung, das Versagen auch durch Fließen oder (Gewalt-)Bruch eintreten. Daher ist nachzuprüfen, ob die Sicherheit gegen Fließen bzw. Bruch ausreicht. Dies erfolgt mit Hilfe der Festigkeitsbedingung

$$\sigma_{o\,max} \leq R_e/S_F \text{ bzw. } R_m/S_F$$

Gegebenenfalls muß also die maximale Oberspannung begrenzt werden. Dieser Fall ist aber relativ selten, weil stets schon eine bestimmte, in der Regel ausreichende Sicherheit gegen Fließen bzw. Bruch dadurch gegeben ist, daß im Dauerfestigkeitsschaubild, aus dem man σ_A abliest, die Oberspannung üblicherweise durch die horizontale Gerade $\sigma_o = R_e$ begrenzt ist. Nur wenn die Mittelspannung sehr hoch und die Spannungsamplitude sehr klein, die Beanspruchung also quasistatisch ist, kann es vorkommen, daß die Oberspannung und nicht die Spannungsamplitude für die Festigkeitsberechnung maßgebend wird. Verwendet man zur Bestimmung der zulässigen Spannung nicht das Dauerfestigkeitsschaubild der ertragbaren Spannungen, sondern das der zuläsigen Spannungen – wie in Abb. 7.15 gezeigt –, so ist auch dieser Fall schon berücksichtigt.

11.3 Zusammenfassung

Als Zusammenfassung der beschriebenen "Berechnungsphilosophie" sind in Tab.11.1 die verschiedenen von Werkstoffverhalten und Beanspruchungsverlauf abhängigen Versagensarten und die daraus resultierenden Festigkeitsbedingungen zusammengestellt.

<table>
<tr><td colspan="2" rowspan="2">Beanspruchung</td><td colspan="3">Werkstoff</td></tr>
<tr><td colspan="2">zäh</td><td>spröd</td></tr>
<tr><td rowspan="2">statisch</td><td>Versagens-art</td><td>Allgemeines Fließen</td><td>Lokales Fließen Anriß</td><td>Bruch</td></tr>
<tr><td>Festigkeits-bedingung</td><td>$\sigma_n \leq \frac{R_e}{S_F}$</td><td>$\sigma_{max} \leq \frac{n_{pl} R_e}{S_F}$</td><td>$\sigma_{max} \leq \frac{R_m}{S_B}$</td></tr>
<tr><td rowspan="2">schwingend</td><td>Versagens-art</td><td colspan="3">Schwingungsbruch</td></tr>
<tr><td>Festigkeits-bedingung</td><td colspan="3">$\sigma_{a\,max} \leq \frac{\sigma_A}{S_D}$</td></tr>
</table>

Tab. 11.1: Festigkeitsbedingungen für die verschiedenen Versagensarten

12 Anhang

Geänderte Zeichen für den Zugversuch:
Mit der Ausgabe Mai 1975 der DIN 50 145 wurden die in der untenstehenden Tabelle zusammengestellten neuen Kurzzeichen eingeführt. Sie sollen der Vereinheitlichung der Symbole im internationalen Gebrauch dienen. Die neuen Zeichen gelten bisher jedoch nur für die Kennwerte des Zugversuchs. Alle übrigen Werkstoffkennwerte werden noch nach der früheren Bezeichnungsweise gebildet. So heißt z.B. die Zugfestigkeit R_m (früher σ_B), während die Druckfestigkeit mit σ_{dB}, die Biegefestigkeit mit σ_{bB} usw. bezeichnet wird.

Bezeichnung	Kurzzeichen früher	Kurzzeichen neu	Einheit
Streckgrenze	σ_S	R_e	N/mm^2
0,2-Grenze	$\sigma_{0,2}$	$R_{p0,2}$	N/mm^2
Zugfestigkeit	σ_B	R_m	N/mm^2
Bruchdehnung	δ	A	%
Brucheinschnürung	ψ	Z	%

Elasitizitätsmodul und Querkontraktionszahl verschiedener Werkstoffe

Werkstoff	Elastizitätsmodul (N/mm^2)	Querkontraktionszahl
Eisen	210 000	0,29
Ferritisch-perlitischer Stahl	200 000 - 210 000	0,3
Austenitischer Stahl	190 000 - 203 000	0,3
Grauguß mit lamellarem Graphit	80 000 - 130 000	0,25 - 0,27
Grauguß mit Kugelgraphit	165 000 - 185 000	0,27 - 0,29
Aluminiumlegierungen	60 000 - 80 000	0,33
Magnesiumlegierungen	40 000 - 45 000	0,3
Titanlegierungen	112 000 - 130 000	0,32 - 0,38
Messing	80 000 - 125 000	0,35
Bronze	110 000 - 125 000	0,35

Werkstoffkennwerte für verschiedene Werkstoffe bei Raumtemperatur (Auswahl)

	Bezeichnung	R_e, $R_{p0,2}$ N/mm² min.	R_m N/mm²	A_5 % min.
Allgemeine Baustähle (DIN 17 100)	St 33	210	340 - 420	28
	St 37	240	370 - 450	25
	St 42	260	420 - 500	22
	St 50	300	500 - 600	20
	St 52	360	520 - 620	22
	St 60	340	600 - 720	15
	St 70	370	700 - 850	10
Vergütungs-stähle (DIN 17 200)	C 35	430	630 - 780	17
	C 45	490	710 - 860	14
	C 55	550	800 - 950	12
	41 Cr 4	800	1000 - 1200	11
	42 CrMo 4	900	1100 - 1300	10
	34 CrNiMo 6	1000	1200 - 1400	9
Federstähle (DIN 17 221)	38 Si 6	1050	1200 - 1400	6
	60 SiMn 5	1050	1350 - 1550	6
	58 CrV 4	1350	1500 - 1700	6
Nichtrostende Stähle (DIN 17 440)	X 7 Cr 13	250	450 - 650	20
	X 12 CrNi 18 8	220	500 - 700	50
	X 10 CrNiMoTi 18 10	230	500 - 750	40

	Bezeichnung	R_m N/mm²	σ_{bB} N/mm²	σ_{dB} N/mm²
Gußeisen mit lamellarem Graphit (DIN 1691)	GG-10	100	250	500 - 600
	GG-15	110 - 230	270 - 340	550 - 700
	GG-20	160 - 280	330 - 410	600 - 830
	GG-25	210 - 330	390 - 460	700 - 1000
	GG-30	260 - 330	450 - 480	850 - 1200
	GG-35	310 - 380	510 - 540	950 - 1400
	GG-40	360 - 400	570 - 600	1100 - 1400

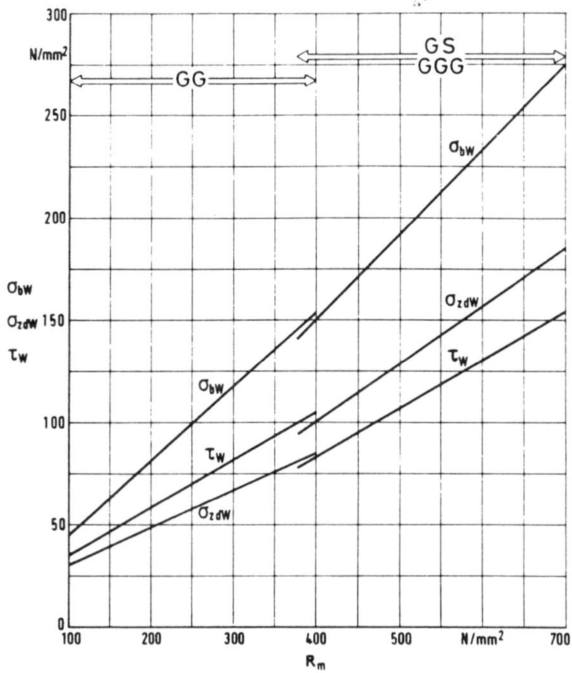

Wechselfestigkeit von Gußwerkstoffen in Abhängigkeit von der Zugfestigkeit (Oberfläche poliert)

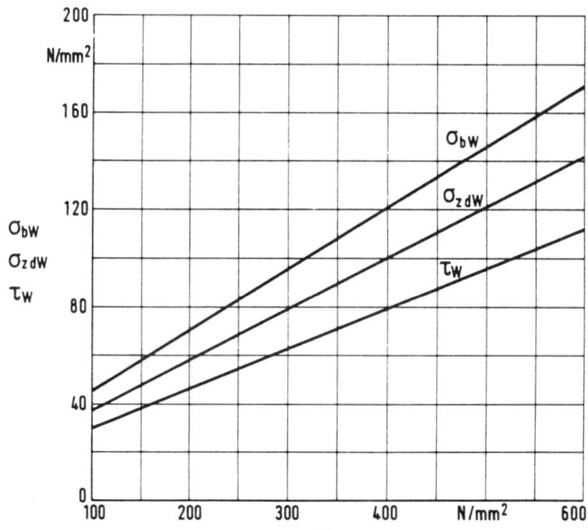

Wechselfestigkeit von Leichtmetallen in Abhängigkeit von der Zugfestigkeit (Oberfläche poliert)

Formzahldiagramme (Übersicht)

Bauteilform		Belastung: Zug bzw. Druck	Biegung	Torsion
Flachstab mit Kreisloch	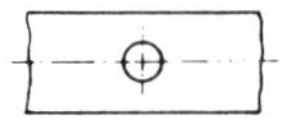	A4		
Abgesetzter Flachstab		A5	A6	
Flachstab mit Außenkerben	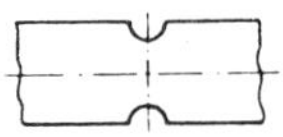	A7	A8	
Abgesetzter Rundstab	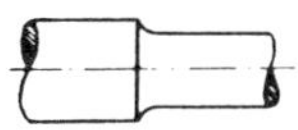	A9	A10	A11
Rundstab mit Umdrehungskerbe	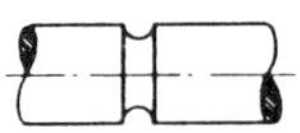	A12	A13	A14
Rundstab mit Querbohrung	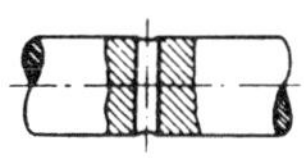	A15	A15	A15

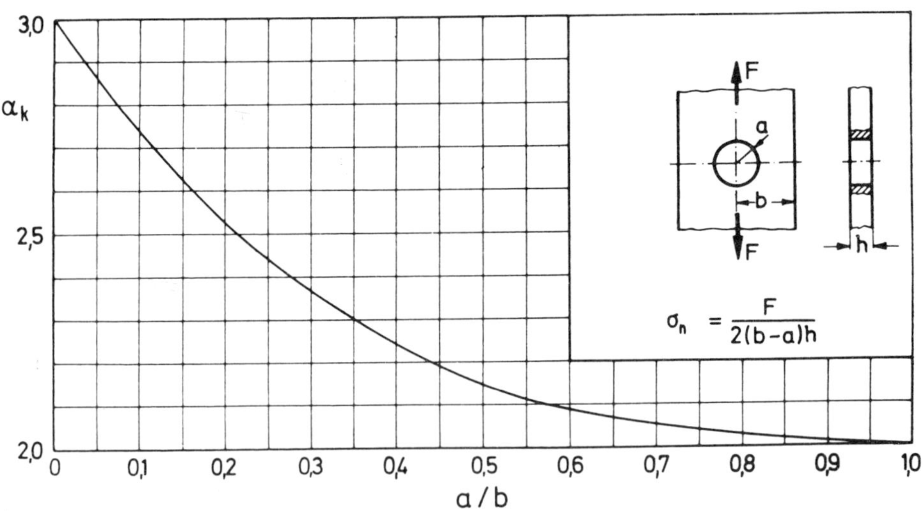

Flachstab mit Kreisloch

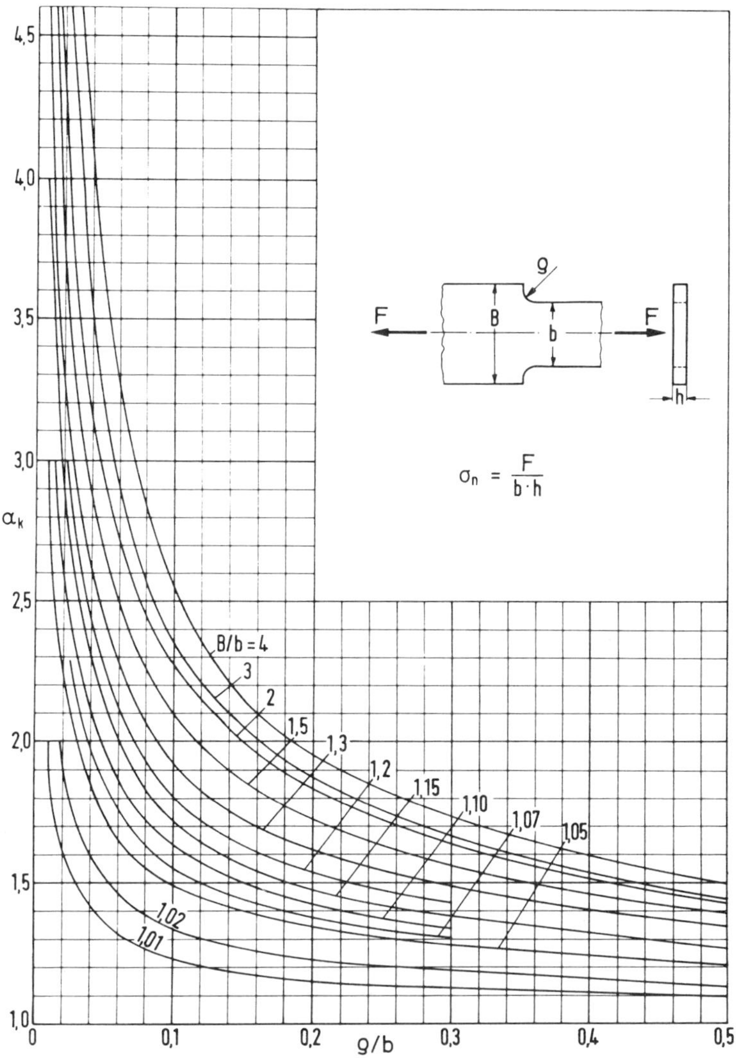

Abgesetzter Flachstab unter Zug bzw. Druck

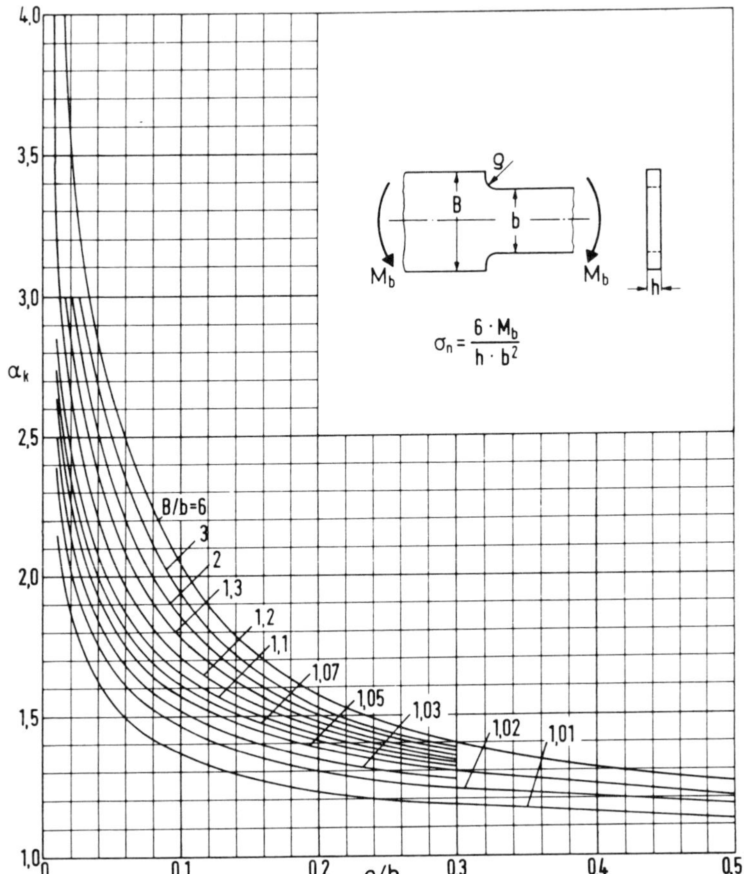

Abgesetzter Flachstab unter Biegung

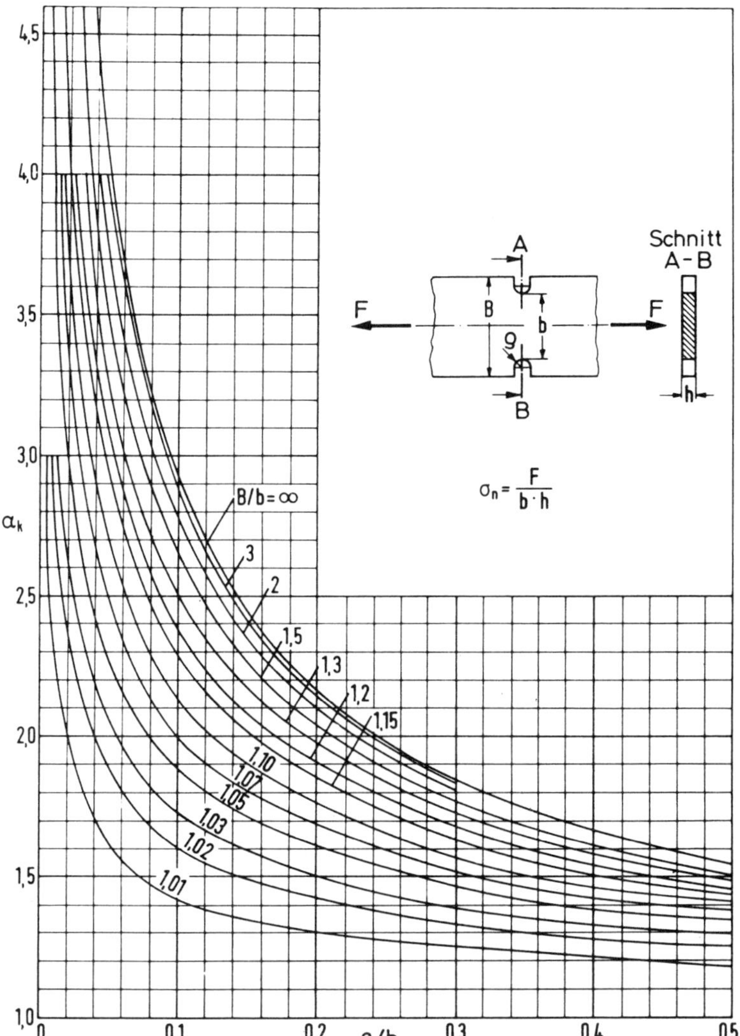

Flachstab mit Außenkerben unter Zug bzw. Druck

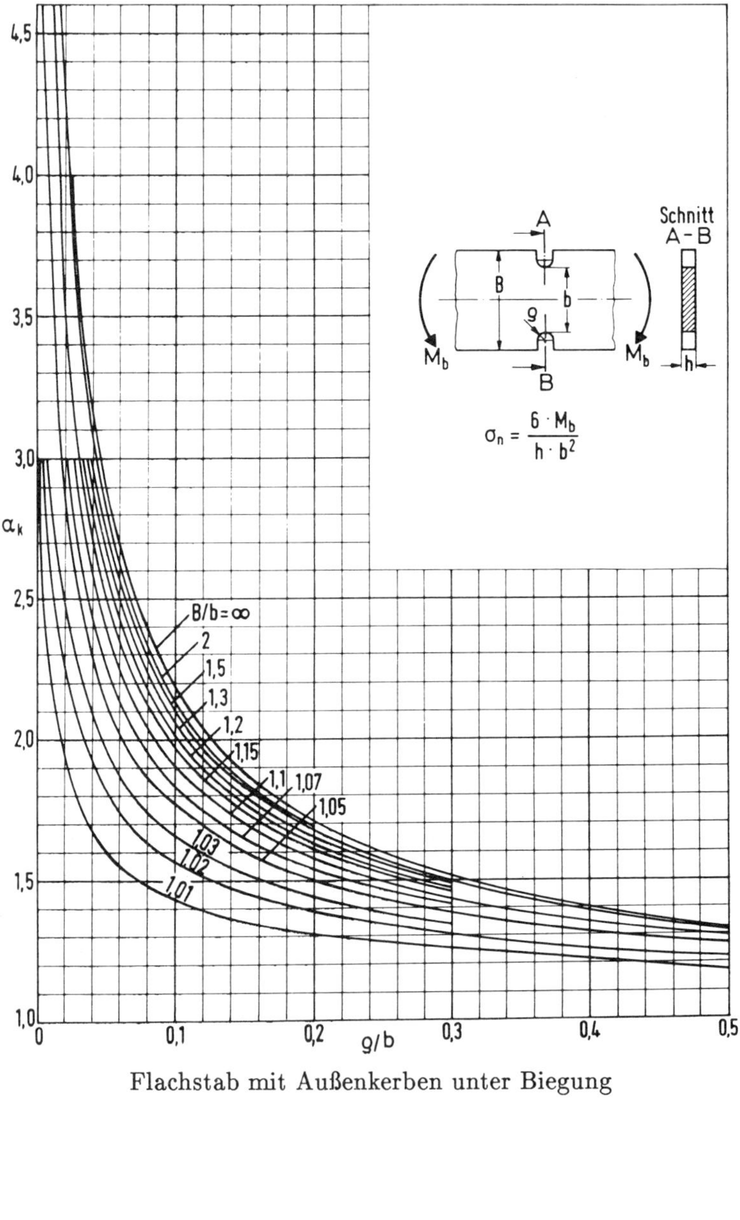

Flachstab mit Außenkerben unter Biegung

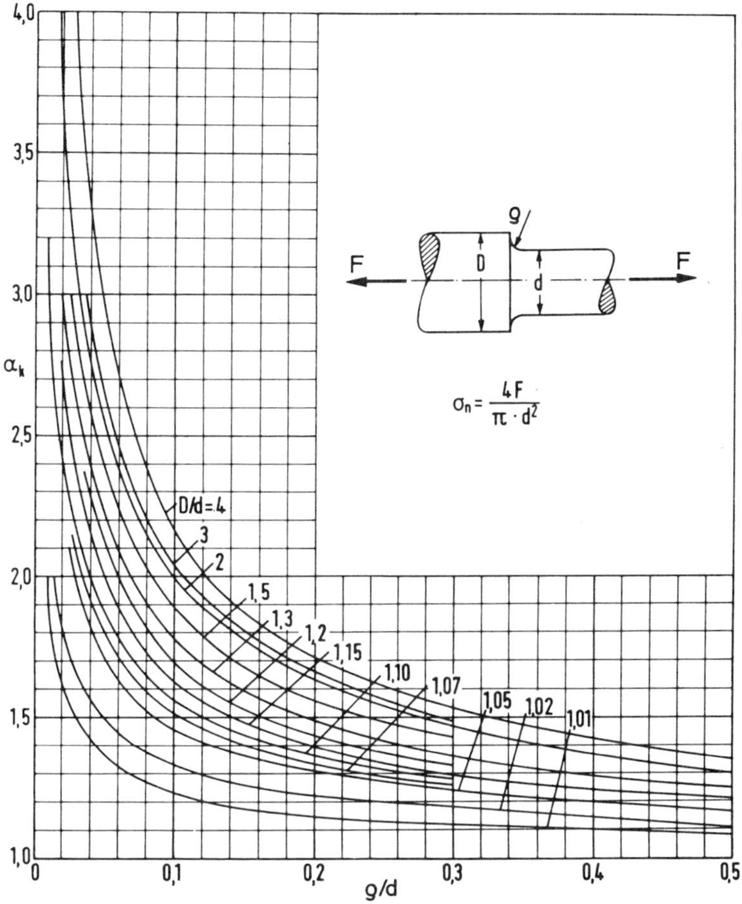

Abgesetzter Rundstab unter Zug bzw. Druck

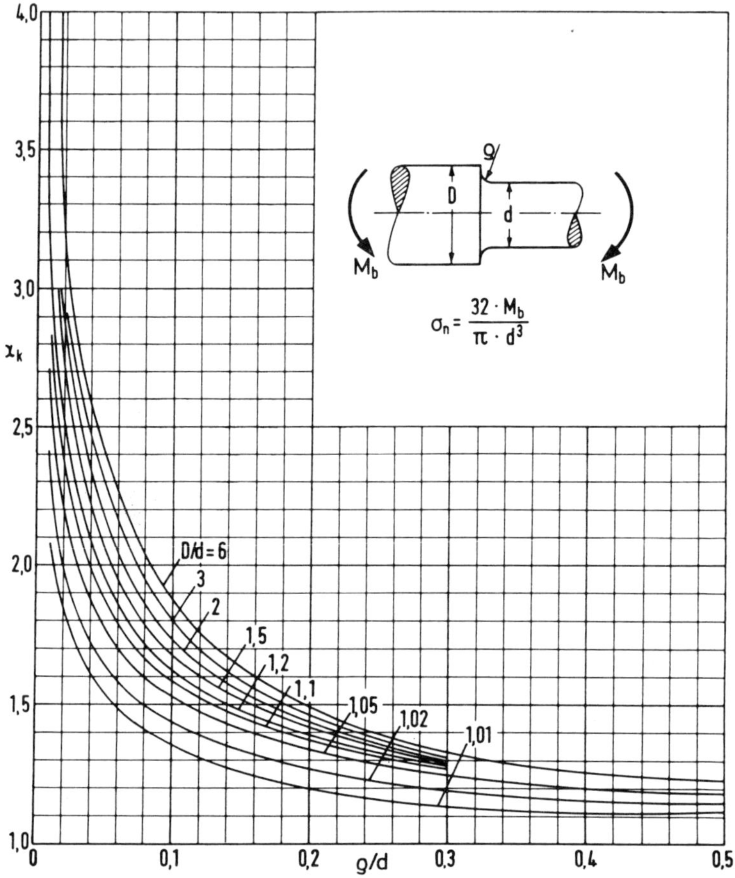

Abgesetzter Rundstab unter Biegung

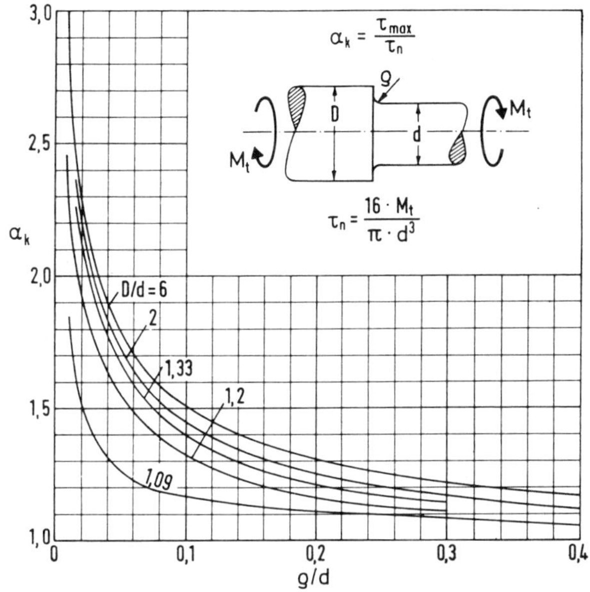

Abgesetzter Rundstab unter Torsion

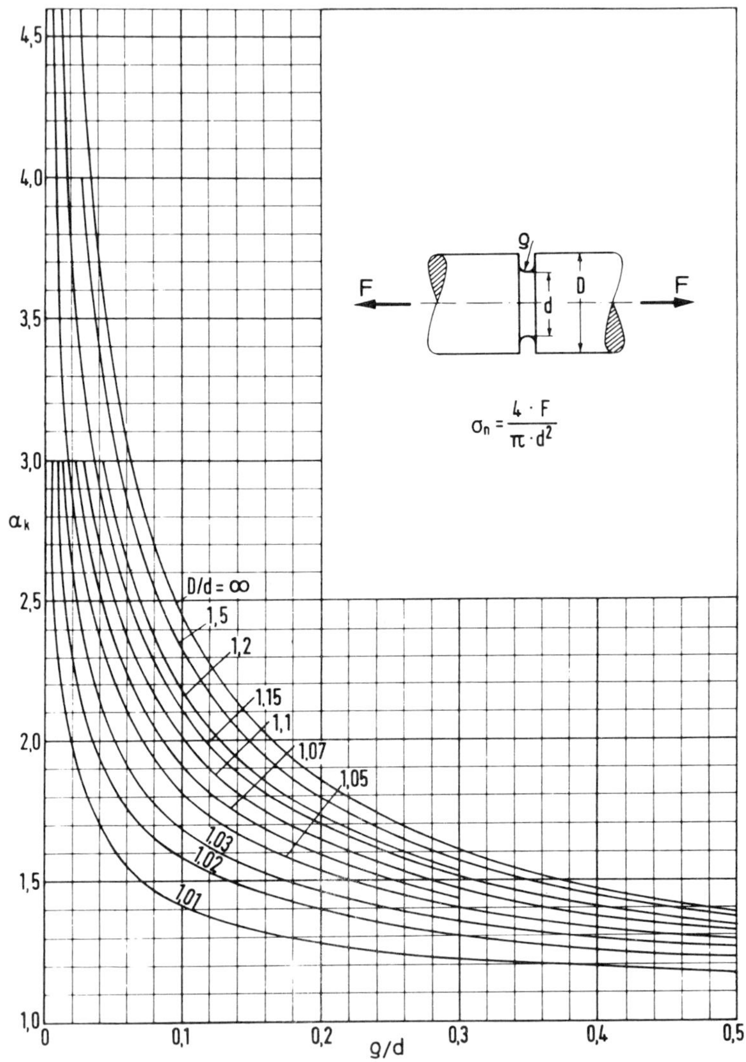

Rundstab mit Umdrehungskerbe unter Zug bzw. Druck

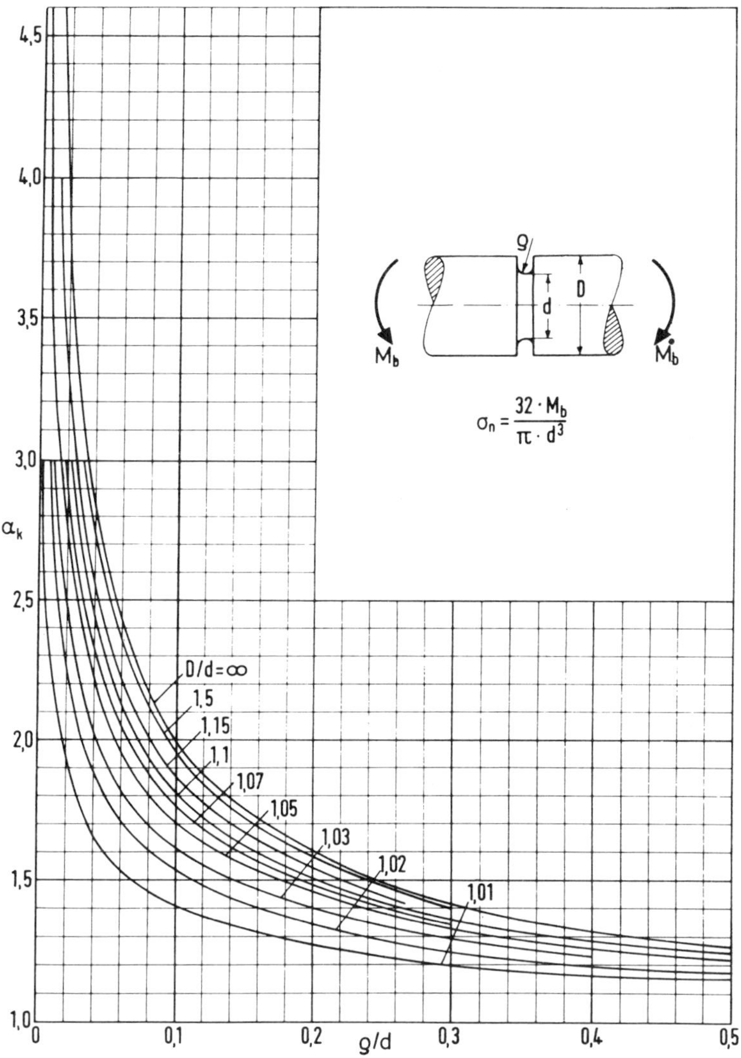

Rundstab mit Umdrehungskerbe unter Biegung

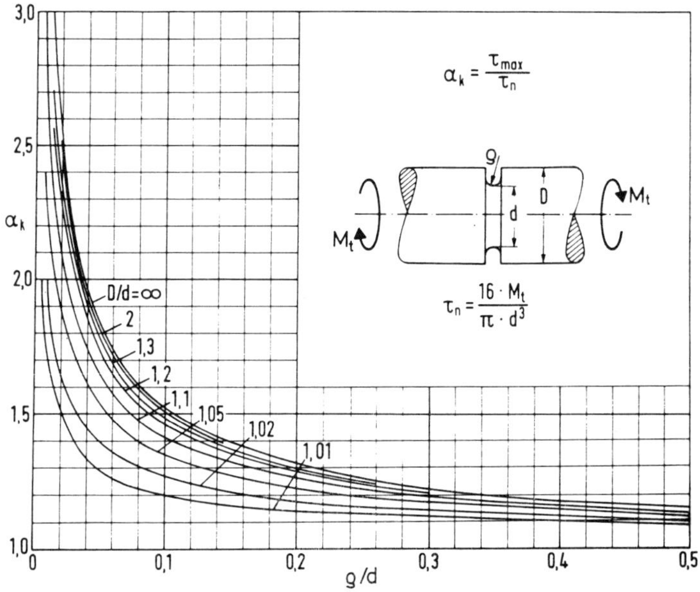

Rundstab mit Umdrehungskerbe unter Torsion

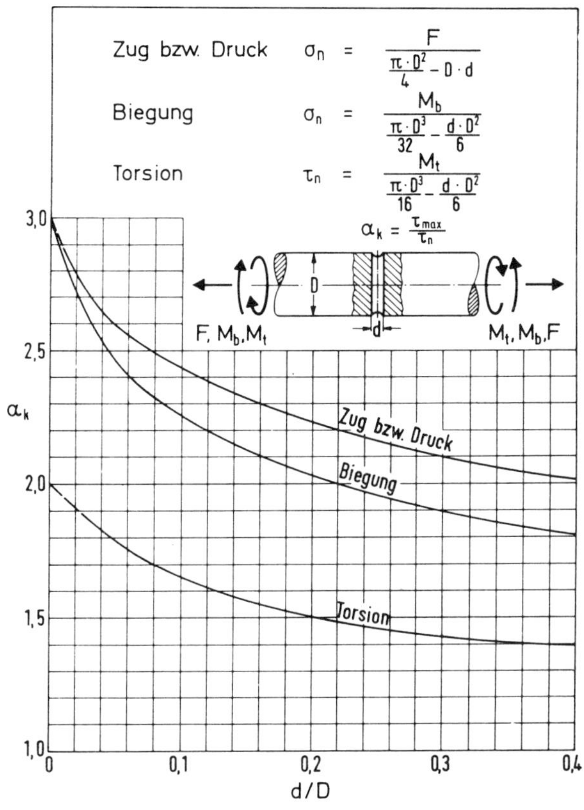

Rundstab mit Querbohrung